JN273894

数学の かんどころ ⑲

射影幾何学の考え方

西山 享 著

共立出版

編集委員会

飯高　茂　（学習院大学名誉教授）
中村　滋　（東京海洋大学名誉教授）
岡部　恒治　（埼玉大学名誉教授）
桑田　孝泰　（東海大学）

「数学のかんどころ」
刊行にあたって

　数学は過去，現在，未来にわたって不変の真理を扱うものであるから，誰でも容易に理解できてよいはずだが，実際には数学の本を読んで細部まで理解することは至難の業である．線形代数の入門書として数学の基本を扱う場合でも著者の個性が色濃くでるし，読者はさまざまな学習経験をもち，学習目的もそれぞれ違うので，自分にあった数学書を見出すことは難しい．山は1つでも登山道はいろいろあるが，登山者にとって自分に適した道を見つけることは簡単でないのと同じである．失敗をくり返した結果，最適の道を見つけ登頂に成功すればよいが，無理した結果諦めることもあるであろう．

　数学の本は通読すら難しいことがあるが，そのかわり最後まで読み通し深く理解したときの感動は非常に深い．鋭い喜びで全身が包まれるような幸福感にひたれるであろう．

　本シリーズの著者はみな数学者として生き，また数学を教えてきた．その結果えられた数学理解の要点（極意と言ってもよい）を伝えるように努めて書いているので読者は数学のかんどころをつかむことができるであろう．

　本シリーズは，共立出版から昭和50年代に刊行された，数学ワンポイント双書の21世紀版を意図して企画された．ワンポイント双書の精神を継承し，ページ数を抑え，テーマをしぼり，手軽に読める本になるように留意した．分厚い専門のテキストを辛抱強く読み通すことも意味があるが，薄く，安価な本を気軽に手に取り通読して自分の心にふれる個所を見つけるような読み方も現代的で悪くない．それによって数学を学ぶコツが分かればこれは大きい収穫で一生の財産と言

えるであろう．

　「これさえ摑めば数学は少しも怖くない，そう信じて進むといいですよ」と読者ひとりびとりを励ましたいと切に思う次第である．

編集委員会と著者一同を代表して

飯高　茂

舜・遼・舞へ

まえがき

　本書は、おもに平面上の射影幾何学とその考え方について解説することを目的としている。

　中学校では、三角形の合同定理や円周角の性質を始めとする初等的な平面幾何学を学び、高等学校に入ると座標を用いた解析幾何学や、あるいは円錐曲線の諸性質などの高度な話題が教えられている。チェバの定理、メネラウスの定理といった少し複雑な定理とその応用なども学ぶだろう。

　このように、平面幾何学には相当なれ親しんできているから、本書のテーマが平面幾何学であると聞くと、なぁんだ、よく知っているテーマだなと思ったり、目新しい話題はなさそうだと、失望した方もいるかもしれない。しかし、本書はそのような高等学校までで教えられている幾何学とは少し違う観点から平面幾何学を眺めることを目指す。そのキーワードは『射影』である。

　数学用語としてはよく知らなくても日常用語で"射影"という言葉を知らない人はいないだろう。要するに光線によって物体の影をある面に映すことである。そのような「射影」という考え方を使ってどのような幾何学が出来上がるのだろうか？　それは高等学校までに学んだ幾何学とは全く異なるものなのだろうか？　大学や最先端の数学ではそのような幾何学が使われているのだろうか？

なんの準備もなしにこれらの問いにきちんと答えることは難しく、すこし観念的になるが、それらの問いについて考えてみよう。

本書において我々は射影という概念を用いるが、扱う題材はよく知っている通常の平面幾何学を一般化したものである。そこに現れる定理は、パップスの定理やチェバの定理・メネラウスの定理など、ごく普通の幾何学の本に出てくるような定理かそれを少し発展させたような定理ばかりである。しかし、その扱い方や証明方法はまったく異なっている。

数学というのは考え方である。そして「射影」もまた、図形をどのようにとらえるのかという考え方であると言ってよいだろう。

いったい『幾何学』とは何なのか、という問いは本書にはいささか大きすぎるが、射影を通して幾何学がどう"見える"のかというようなことを紹介してみたいと思う。おそらく、定理そのものはよく知っていても、射影という思考を通して見える幾何学の景色はまったく異なったものになるに違いない。本書を読み進めるうちに、よく知っている定理の別の側面が見えてくるはずであるし、一つの既知の定理から多数の未知の定理群が自然と浮かんでくるだろう。もしそこに幾何学の新しい景色が見えてこないようなら、それは著者の非力に原因がある。

残念ながら、高等学校までで学んだ高度な平面幾何学は、大学ではそれ以上教えられることはなく、大学入学後は微分幾何学とか位相幾何学といった現代的な高次元の幾何学に取って代わられてしまう。これらの現代的な幾何学は、20世紀になってから大きく進歩を遂げ、最先端の数学研究における主要なテーマとなっている。しかし、一方で、古典的なユークリッド幾何学の延長線上にあるような幾何学の講義が一つくらいあってもよいのではないだろうかとも

思う[1]。

　では、射影幾何学は大学の標準的なコースで教えられることもなく、現代数学においては忘れられた古色蒼然たる幾何学なのだろうか？　それはまったく的外れな見方である。射影幾何学は、現代では高度に発達した、代数幾何学と呼ばれる数論や環論・体論などの諸分野と深く結びついた幾何学の中の、さらに中心的な一分野を形作っている。実際、日本人数学者のフィールズ賞受賞者、広中平祐、小平邦彦、そして森重文はすべてこの射影幾何学と深い関係を持つ人たちであって、射影幾何学は日本数学のお家芸といってもよい。

　そのような高度に発展した数学の紹介は本書ではできないが、ここで紹介する射影の考え方は現代の射影幾何学を学ぶ上でも必ずや何らかの役に立つと信じている。

　まぁしかし、それはそれとして、たくさんの方に射影幾何学を楽しんでいただけたらうれしいと思う。

　本書を書くにあたって、編集を担当していただいた野口訓子さんには大変お世話になった。また、草稿を読んでコメントをたくさんいただいた編集委員の方々、特に桑田孝泰氏に感謝したい。最初のプロローグの章を加えて、空間内の平面や直線に慣れ親しんでから本題に入るというスタイルは彼の提案によるものである。

　本書の図版は、ほとんどすべてを GeoGebra というソフトウェアを用いて制作した。GeoGebra では主に平面幾何学、中でも直線と円錐曲線からなる図形を簡単な操作で描くことができる。図形を描いた後に変形すると、交点や接点、図形の位置関係などを保ったまま変形される。いわば本書のテーマである射影変換をそのままソフトウェアにしたような魅力的なツールで、興味のある方はぜひ使っ

---

[1] そのように考えて、複素数と平面幾何を題材に主に文系の方に向けた講義をした経験もあり、そのときの講義の内容が『よくわかる幾何学』と題して出版されている [4]。

てみられたい．学習や研究に使う場合には無償で配布されており，下記のサイトからダウンロードできる．

　`http://www.geogebra.org/`
　`http://sites.google.com/site/geogebrajp/`
　　　　　　　　　　　（日本語サイト）

　このソフトウェアについては北海道教育大学釧路校の和地輝仁さんに教えていただいた．和地さんには草稿を通読してもらって貴重な意見をいただいたりもして，たいへん感謝している．ありがとう，和地さん．また，執筆当時に青山学院大学理工学部に在籍していた西山広徒君にも原稿を精読してもらって貴重な意見を頂戴した．彼を本書の最初の読者の一人として迎えることができたのは大きな喜びである．

2013 年 5 月 19 日

目　次

第 1 章　プロローグ …………………………………………………… 1
1.1　平面上の直線　2
1.2　2 次の行列式　6
1.3　3 次の行列式　11
1.4　空間内の平面　18
1.5　空間内の直線　24

第 2 章　射影の考え方 …………………………………………………… 29
2.1　平行光線による射影　31
2.2　点光源による射影　43
2.3　円錐曲線　45
2.4　無限遠点とは？　50
2.5　無限遠点を使う　61

第 3 章　実射影平面 …………………………………………………… 69
3.1　実射影平面　71
3.2　射影直線と二次曲線　77
3.3　二次曲線　83
3.4　実射影変換　89
3.5　射影変換による図形の変換　94
3.6　実射影空間と射影変換　99

3.7　射影幾何の定理　　100

第4章　点と直線の配置　109
　　　4.1　射影直線上の点の配置　　110
　　　4.2　射影平面内の点の配置　　118
　　　4.3　直線上の4点の配置　　131
　　　4.4　点と直線　　138
　　　4.5　メネラウスの定理とチェバの定理　　141

第5章　アフィン変換とアフィン幾何　153
　　　5.1　アフィン変換　　154
　　　5.2　アフィン変換と平行直線　　158
　　　5.3　二次曲線　　161
　　　5.4　点配置と直線　　168

第6章　円錐曲線　171
　　　6.1　パスカルの定理　　172
　　　6.2　双対原理　　181
　　　6.3　円の極線　　185
　　　6.4　円錐曲線と共役点　　193
　　　6.5　双対原理とブリアンションの定理　　200

第7章　附録　207
　　　7.1　2本の直線に直交する直線の方程式　　208
　　　7.2　空間内の1点を通り2本の直線に交わる直線　　213
　　　7.3　定理2.5の証明　　217

参考文献　　221
索引　　223

第 1 章

プロローグ

　この章では、次章以降に必要な、平面上の直線や空間内の直線・平面およびその交点などについてまとめておく。直線や平面の方程式を書き表すには、ベクトルの外積や、行列式といった道具を使うのが便利である。そのような便利な道具類とその使い方についてもこの章で紹介したい。

1.1 平面上の直線

xy 座標を持つ平面を考えよう。座標平面上の点は 2 つの実数の組で決まるので、これを

$$\mathbb{R}^2 = \left\{ \begin{pmatrix} a \\ b \end{pmatrix} \mid a, b \in \mathbb{R} \right\}$$

のように表す。座標をタテベクトルの形で表したが、しばしば横書きにした方が便利である。その時は転置を表す記号 $^t(\cdot)$ を用いて $^t(a, b)$ のようにしてタテベクトルを表すことにする。つまり $^t(a, b) = \begin{pmatrix} a \\ b \end{pmatrix}$ である。

さて、平面上の直線の方程式は、その傾き m と y 切片 k を用いて $y = mx + k$ と表されることはよくご存知であろう。この表記はわかりやすいが、反面、y 軸に平行な直線 $x = c$ (定数) を表せないなど不便な点もある。そこで、本書では直線の方程式の一般形をおもに

$$ax + by = c \quad (a \neq 0 \text{ または } b \neq 0) \tag{1.1}$$

の形で表す。ここで $a, b, c \in \mathbb{R}$ は定数である。$b \neq 0$ のときには、両辺を b で割ることによってこの方程式は $y = mx + k$ の形に書き直すことができるし、$b = 0$ のときには $a \neq 0$ なので、この直線は y 軸に平行な直線 $x = c/a$ を表している。

この方程式 (1.1) の形は、直線がその法線方向、つまり直線と垂直な方向と、その通る点によって決まるということから容易に導きだすことができる。そこで $\boldsymbol{n} = {}^t(a, b)$ と置いて、このベクトルが直線と垂直であるとしよう。このようなとき $\boldsymbol{n}$ は直線の**法線ベクトル** (あるいは**法ベクトル**) であるという。直線が点 $\boldsymbol{p}$ を通っているとして、直線上の任意の点 $\boldsymbol{x}$ を選ぶと、$\boldsymbol{x} - \boldsymbol{p}$ は法線ベクトル $\boldsymbol{n}$ とは垂直だから、

$$\boldsymbol{n} \cdot (\boldsymbol{x} - \boldsymbol{p}) = 0$$

が成り立つ。ただし記号 $\boldsymbol{u} \cdot \boldsymbol{v}$ はベクトル $\boldsymbol{u}$ と $\boldsymbol{v}$ の内積を表している。したがって $\boldsymbol{n} \cdot \boldsymbol{x} = \boldsymbol{n} \cdot \boldsymbol{p}$ だが、$\boldsymbol{x} = {}^t(x,y)$ と書いてこの方程式を座標成分を用いて書くと

$$ax + by = c \quad \text{ただし } c = \boldsymbol{n} \cdot \boldsymbol{p}$$

と書けるのである。

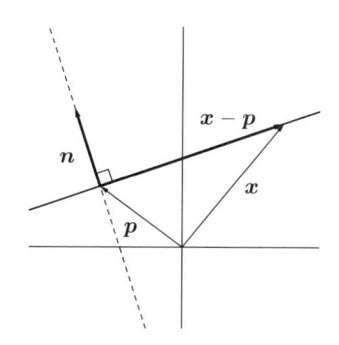

図 1-1 直線と法ベクトル

　直線にはもう一つ便利な表示方法がある。それは直線の方向と通過点を与えて、パラメータ表示する方法である。そこで、直線の方向を $\boldsymbol{v} = {}^t(\xi, \eta)$ として、この直線が点 $\boldsymbol{p}$ を通るとしよう。すると、直線上の点はパラメータ t を用いて

$$\boldsymbol{x}(t) = t\boldsymbol{v} + \boldsymbol{p} \qquad (t \in \mathbb{R}) \tag{1.2}$$

と表すことができる。この表示の利点はまったく同じ式で空間内の直線のパラメータ表示ができることである。もちろんその時は $\boldsymbol{v}$ や $\boldsymbol{p}$ は空間ベクトルである。さて、式 (1.2) において $\boldsymbol{p} = {}^t(\gamma, \delta)$ と書いて成分表示すると、

$$\boldsymbol{x} = \begin{pmatrix} x \\ y \end{pmatrix} = \begin{pmatrix} t\xi + \gamma \\ t\eta + \delta \end{pmatrix}$$

となる。この式より t を消去すると、

$$-\eta x + \xi y = -\eta(t\xi + \gamma) + \xi(t\eta + \delta) = -\eta\gamma + \xi\delta,$$
$$-\eta x + \xi y = -\eta\gamma + \xi\delta \tag{1.3}$$

であるから、この直線の法線ベクトルは $\bm{n} = {}^t(-\eta, \xi)$ である。たしかに $\bm{v}$ を反時計回りに 90° 回転すると $\bm{n}$ になるから、幾何学的に見ても $\bm{n}$ が法線ベクトルになることが確認できる。

式 (1.3) を行列式を用いて表してみよう。2 次の正方行列 $A = \begin{pmatrix} a & b \\ c & d \end{pmatrix}$ の行列式は $ad - bc$ で与えられるが、これを

$$|A| = \begin{vmatrix} a & b \\ c & d \end{vmatrix} \quad \text{あるいは} \quad \det A = \det\begin{pmatrix} a & b \\ c & d \end{pmatrix}$$

などと表す。複数の表記法があるが、これは場面によって便利なものを選んで用いる。本書でも $|A|$ と書いたり $\det A$ と書いたりするが、どちらも同じ行列式 $ad - bc$ を表している。

さて、式 (1.3) の両辺を行列式で表すと、

$$\begin{vmatrix} \xi & x \\ \eta & y \end{vmatrix} = \begin{vmatrix} \xi & \gamma \\ \eta & \delta \end{vmatrix} \tag{1.4}$$

となることがわかる。あるいはベクトルを用いて

$$\det(\bm{v}, \bm{x}) = \det(\bm{v}, \bm{p}) \tag{1.5}$$

と表した方がわかりやすいかも知れない。ベクトル $\bm{v}, \bm{x}$ は 2 次のタテベクトルであるからそれを並べると 2 次の正方行列ができる。その行列式を $\det(\bm{v}, \bm{x})$ で表している。

平面上の 2 点を通る直線はただ一つである。その 2 点を $\bm{p} = {}^t(\gamma, \delta)$, $\bm{q} = {}^t(\gamma', \delta')$ としよう。このとき直線の方程式はどう表されるだろうか？ いろいろな考え方ができるが、例えば次のように考えてみよう。まず、直線の方程式は x, y の一次式であって、その逆も正しいことに注意する。したがって、ある x, y の一次方程式であって、点 $\bm{p}, \bm{q}$ がその方程式を満たせば（つまり直線がこ

の2点を通るならば)、それが求める直線の方程式を与えることになる。そこでそのような一次方程式を少し工夫して作ってしまおう。それが次の式である。

$$\begin{vmatrix} x & \gamma' \\ y & \delta' \end{vmatrix} + \begin{vmatrix} \gamma & x \\ \delta & y \end{vmatrix} = \begin{vmatrix} \gamma & \gamma' \\ \delta & \delta' \end{vmatrix} \tag{1.6}$$

または、同じことだが

$$\det(\boldsymbol{x}, \boldsymbol{q}) + \det(\boldsymbol{p}, \boldsymbol{x}) = \det(\boldsymbol{p}, \boldsymbol{q}) \tag{1.7}$$

これが一次方程式であることは明らかであろう。つぎに $\boldsymbol{x} = \boldsymbol{p}$ を代入すると、左辺の第1項は右辺と一致し、第2項の行列式はゼロである。したがって方程式は成り立ち、この直線は点 $\boldsymbol{p}$ を通る。また $\boldsymbol{x} = \boldsymbol{q}$ を代入すると、左辺の第2項が右辺と一致し、第1項はゼロである。したがってこの直線は点 $\boldsymbol{q}$ も通っている。そのようなわけで (1.6) 式は2点 $\boldsymbol{p}, \boldsymbol{q}$ を通る直線の方程式であることがわかる。

ここまで出て来た式をまとめておこう。

まとめ 1.1

(1) 傾きが m で y 切片が k の直線の方程式

$$y = mx + k$$

(2) 法線方向が $\boldsymbol{n} = {}^t(a, b)$ で点 $\boldsymbol{p} = {}^t(\gamma, \delta)$ を通る直線の方程式

$$\boldsymbol{n} \cdot \boldsymbol{x} = \boldsymbol{n} \cdot \boldsymbol{p}, \quad ax + by = c \quad (c = a\gamma + b\delta)$$

(3) 方向が $\boldsymbol{v} = {}^t(\xi, \eta)$ で点 $\boldsymbol{p} = {}^t(\gamma, \delta)$ を通る直線の方程式

$$\boldsymbol{x} = t\boldsymbol{v} + \boldsymbol{p}, \quad \det(\boldsymbol{v}, \boldsymbol{x}) = \det(\boldsymbol{v}, \boldsymbol{p}), \quad \begin{vmatrix} \xi & x \\ \eta & y \end{vmatrix} = \begin{vmatrix} \xi & \gamma \\ \eta & \delta \end{vmatrix}$$

(4) 2点 $\boldsymbol{p} = {}^t(\gamma, \delta)$, $\boldsymbol{q} = {}^t(\gamma', \delta')$ を通る直線の方程式

$$\det(\boldsymbol{x},\boldsymbol{q})+\det(\boldsymbol{p},\boldsymbol{x})=\det(\boldsymbol{p},\boldsymbol{q})\,,\quad \begin{vmatrix} x & \gamma' \\ y & \delta' \end{vmatrix}+\begin{vmatrix} \gamma & x \\ \delta & y \end{vmatrix}=\begin{vmatrix} \gamma & \gamma' \\ \delta & \delta' \end{vmatrix}$$

演習 1.2 平行でない 2 直線 $ax+by=c$ と $Ax+By=C$ の交点を通る直線は、適当な実数 s,t を用いて $s(ax+by-c)+t(Ax+By-C)=0$ と表されることを示せ。

[ヒント] 与えられた式で決まる直線が交点を通ることは明らかである。厳密には、交点を通るすべての直線がこのような格好に書けることを示す必要があるが、そこまで厳密になる必要もあるまい。

1.2 2次の行列式

直線の方程式についてもう少し調べる前に、行列式の性質についてあらためて紹介しておこう。すでに述べたように 2 次の正方行列 $A=\begin{pmatrix} a & b \\ c & d \end{pmatrix}$ の行列式は

$$\begin{vmatrix} a & b \\ c & d \end{vmatrix}=ad-bc$$

で定義されるのであった。行列 A の第 1 列を $\boldsymbol{u}=\begin{pmatrix} a \\ c \end{pmatrix}$、第 2 列を $\boldsymbol{v}=\begin{pmatrix} b \\ d \end{pmatrix}$ と書こう。このとき、行列は $A=(\boldsymbol{u},\boldsymbol{v})$、行列式は $\det A=\det(\boldsymbol{u},\boldsymbol{v})$ などと書き表される。行列式の性質を列挙してみよう。

定理 1.3

行列式 $\det A=\det(\boldsymbol{u},\boldsymbol{v})$ は次の性質を満たす。

(1) 単位行列 $E=\begin{pmatrix} 1 & 0 \\ 0 & 1 \end{pmatrix}$ に対して $\det E=1$ である。

(2) 行列式は各列について線形である。つまり第 1 列につい

ては、α, β を定数として

$$\det(\alpha\boldsymbol{u} + \beta\boldsymbol{u}', \boldsymbol{v}) = \alpha\det(\boldsymbol{u}, \boldsymbol{v}) + \beta\det(\boldsymbol{u}', \boldsymbol{v})$$

が成り立つ。ただし $\boldsymbol{u}, \boldsymbol{u}'$ はそれぞれ 2 次のタテベクトルである。第 2 列に対しても同様の式が成り立つ。
(3) 列を入れ替えると行列式は符号を変える。つまり

$$\det(\boldsymbol{u}, \boldsymbol{v}) = -\det(\boldsymbol{v}, \boldsymbol{u})$$

が成り立つ。
(4) 同一のベクトルを並べた行列の行列式はゼロである。つまり $\det(\boldsymbol{u}, \boldsymbol{u}) = 0$ が成り立つ。

ここにあげた性質のどれもが、単純な計算によって確かめることができるので、証明は演習問題としよう。ここでは二三の簡単な事実にだけ注意しておく。

まず (3) の性質を**交代性**と呼ぶ。(2) の線形性は実は第 1 成分だけを仮定しても、(3) の交代性より必然的に第 2 成分についても成り立たねばならない。また交代性によって (4) は自動的に成り立つ。実際、交代性より列を入れ替えると符号が変わるのだから、

$$\det(\boldsymbol{u}, \boldsymbol{u}) = -\det(\boldsymbol{u}, \boldsymbol{u}), \qquad \therefore \quad 2\det(\boldsymbol{u}, \boldsymbol{u}) = 0$$

最初の等号で交代性が使われていることに注意せよ。さらに線形性を考慮に入れると (4) は『2 列が平行であるような行列の行列式はゼロである』と言ってもよい。

定理 1.3 においては行列の列ベクトルが重要な働きをしていることがわかる。しかし、行列式の定義においては行と列は平等であるように見えるだろう。実際、行列 $A = \begin{pmatrix} a & b \\ c & d \end{pmatrix}$ に対してその**転置行列**を $^t\!A = \begin{pmatrix} a & c \\ b & d \end{pmatrix}$ と定義すると、次の定理が成り立つ。

定理 1.4

$\det A = \det {}^t A$ である。転置行列は元の行列の行と列の役割を入れ替えたものに他ならないから、列に対して成り立っていた行列式の性質はすべて行に対しても成り立つ。

行列式はさまざまな意味を持っているが、幾何学的に見た場合、一番重要なものはそれが平行四辺形の面積を表している、あるいは座標変換による面積の変化率[1]を表している点である。

定理 1.5

2つのベクトル $\boldsymbol{u}, \boldsymbol{v}$ によって張られる平行四辺形の面積は $A = (\boldsymbol{u}, \boldsymbol{v})$ とおくとき $|\det(\boldsymbol{u}, \boldsymbol{v})|$ で表される。つまり行列式 $\det A$ は平行四辺形の符号付きの面積を表している。

[証明] いくつかの証明が考えられる。そのうち一番簡単であるが、しかし意味のわかりにくい証明は式によるものである。実際、$\boldsymbol{u} = {}^t(a, c)$ と $\boldsymbol{v} = {}^t(b, d)$ の成す角を θ とすれば、求める平行四辺形の面積はこの2つのベクトルを2辺とするような三角形の面積の2倍であるから

$$\begin{aligned}
\|\boldsymbol{u}\|\|\boldsymbol{v}\|\sin\theta &= \|\boldsymbol{u}\|\|\boldsymbol{v}\|\sqrt{1 - \cos^2\theta} \\
&= \sqrt{\|\boldsymbol{u}\|^2\|\boldsymbol{v}\|^2 - (\boldsymbol{u}\cdot\boldsymbol{v})^2} \\
&= \sqrt{(a^2 + c^2)(b^2 + d^2) - (ab + cd)^2} \\
&= \sqrt{(ad - bc)^2} = |\det A|
\end{aligned}$$

となり、行列式と符号をのぞいて一致することがわかる。

ちょっといい加減だが、もう少し直感的な証明を考えてみよう。いま $a \neq 0$ として、ベクトル $\boldsymbol{v}$ を $\boldsymbol{u}$ の方向に少しずらして

---

[1] つまり積分の変数変換の際のヤコビアン (Jacobian) としての働きであるが、積分の変数変換に不慣れな読者はこの部分は気にしないでよい。

1.2 2次の行列式

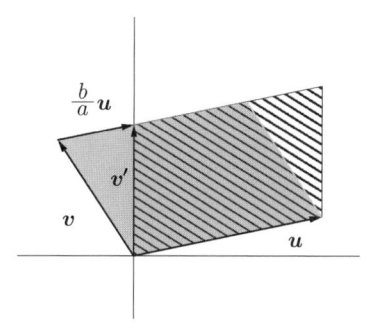

図 1-2 v を u 方向にずらす

$$v' = v - \frac{b}{a}u = \begin{pmatrix} 0 \\ \dfrac{ad-bc}{a} \end{pmatrix}$$

とする。このとき行列式はどう変化するだろうか？ 定理 1.3 の性質 (2) と (4) を用いると

$$\det(u, v-(b/a)u) = \det(u,v) - \frac{b}{a}\det(u,u) = \det(u,v)$$

となって、このような操作では行列式は変化しないことがわかる！ では平行四辺形の方はどう変化するかというと、v を u 方向にずらすわけだから、新しくできた u, v' で張られた平行四辺形はもとの平行四辺形と底辺 u を共有し、高さが同じ平行四辺形を与える。つまり面積は変わらない。一方 $e_2 = {}^t(0,1)$ を基本ベクトルとすると $v' = \dfrac{ad-bc}{a}e_2$ なので

$$\det(u, v') = \frac{(ad-bc)}{a}\det(u, e_2)$$

である。ここで全く同じように $u' = u - ce_2 = {}^t(a,0) = ae_1$ を考えると

$$\det(\boldsymbol{u}, \boldsymbol{v}) = \det(\boldsymbol{u}, \boldsymbol{v}') = \frac{(ad-bc)}{a} \det(\boldsymbol{u}, \boldsymbol{e}_2)$$
$$= \frac{(ad-bc)}{a} \det(a\boldsymbol{e}_1, \boldsymbol{e}_2)$$
$$= (ad-bc) \det(\boldsymbol{e}_1, \boldsymbol{e}_2) = \det A$$

である。最後の単位行列の行列式は基本ベクトルで張られる平行四辺形、つまり単位正方形の面積 1 に等しい。式変形の各過程においては行列式も平行四辺形の面積も変化していないから、結局最初の平行四辺形の面積はちょうど $\det A$ になっていることがわかった。

さきに「ちょっといい加減だが」と書いたのは $a \neq 0$ と仮定した部分や、平行四辺形の高さが符号付きであったりする理由によるのだが、その部分については読者自らよく考えてみて欲しい。直感に訴える証明はしばしば思わぬ落とし穴に陥りやすい。[2]　□

前節で、方向が $\boldsymbol{v} = {}^t(\xi, \eta)$ で点 $\boldsymbol{p} = {}^t(\gamma, \delta)$ を通る直線の方程式が

$$\begin{vmatrix} \xi & x \\ \eta & y \end{vmatrix} = \begin{vmatrix} \xi & \gamma \\ \eta & \delta \end{vmatrix}$$

で与えられることを述べた。これは上の定理によれば、要するに $\boldsymbol{x}$ と $\boldsymbol{v}$ で張られる平行四辺形の面積が一定であるような点 $\boldsymbol{x}$ の軌跡がちょうど与えられた直線になっていることを意味している。平行四辺形の面積の符号は $\boldsymbol{x}$ が $\boldsymbol{v}$ の右側にあるのか左側にあるのかを指定している。

ベクトル $\boldsymbol{u}$ と $\boldsymbol{v}$ が平行で、平行四辺形が潰れてしまうときにはその面積はゼロと解釈できるだろう。それに対応するのが定理 1.3

---

[2]　しかし私自身は直感的な証明の方が好きである。そちらには想像する余地がたくさんあるから [2]。

にあげた行列式の性質の（4）である（定理の後の注意参照）。

演習 1.6 連立一次方程式

$$\begin{cases} ax + by = \xi \\ cx + dy = \eta \end{cases}$$

において係数行列 $A = \begin{pmatrix} a & b \\ c & d \end{pmatrix}$ の行列式がゼロではないとする。このとき、連立一次方程式はただ一つの解を持ち、それは次の式で与えられることを示せ。

$$\begin{pmatrix} x \\ y \end{pmatrix} = \frac{1}{\begin{vmatrix} a & b \\ c & d \end{vmatrix}} \begin{pmatrix} \begin{vmatrix} \xi & b \\ \eta & d \end{vmatrix} \\ \begin{vmatrix} a & \xi \\ c & \eta \end{vmatrix} \end{pmatrix}$$

$\det A = 0$ のときは何が起こるだろうか？　考えてみよ。

1.3　3次の行列式

直線と平面の話を続ける前に、3次の行列式を導入しておこう。

空間ベクトル $\boldsymbol{a}, \boldsymbol{b}, \boldsymbol{c}$ を考える。これらのベクトルを成分表示して $\boldsymbol{a} = {}^t(a_1, a_2, a_3)$ などと書く[3]。またこの3つのベクトルを並べてできる3次の正方行列を $A = (\boldsymbol{a}, \boldsymbol{b}, \boldsymbol{c})$ で表す。

---

[3]　すでに平面ベクトルの場合には多用してきたが、本書では、ベクトルは主に列ベクトル（タテベクトル）を考え、式の簡略化のために列ベクトルを横に成分を並べて書く場合がある。例えば ${}^t(x, y, z)$ のように t を左肩につけて列ベクトルであることを表す。つまり

$${}^t(x, y, z) = \begin{pmatrix} x \\ y \\ z \end{pmatrix}$$

である。この記号 ${}^t(\cdot)$ は転置行列を表す記号としてよく使われるが、ここでの用法もそれに従っている。

行列 A の行列式はいささか天下り的に書けば

$$\begin{vmatrix} a_1 & b_1 & c_1 \\ a_2 & b_2 & c_2 \\ a_3 & b_3 & c_3 \end{vmatrix} = a_1 b_2 c_3 + a_2 b_3 c_1 + a_3 b_1 c_2 \\ - a_1 b_3 c_2 - a_2 b_1 c_3 - a_3 b_2 c_1 \tag{1.8}$$

で与えられる。この式を $\det A$ あるいは $\det(\boldsymbol{a}, \boldsymbol{b}, \boldsymbol{c})$, $|\boldsymbol{a}\ \boldsymbol{b}\ \boldsymbol{c}|$ などと表す。もちろん3次の行列式は2次の行列式の一般化であり、その性質を用いて計算することができる。実際、具体的に計算するときにはこの定義式 (1.8) は複雑すぎてあまり役に立たない。

2次の場合とほとんど同様であるが、3次の行列式の性質をまとめておこう。

定理 1.7

行列式 $\det A = \det(\boldsymbol{u}, \boldsymbol{v}, \boldsymbol{w})$ は次の性質を満たす。

(1) 単位行列 $E = (\boldsymbol{e}_1, \boldsymbol{e}_2, \boldsymbol{e}_3)$ に対して $\det E = 1$ である。

(2) 行列式は各列について線形である。つまり第1列については、α, β を定数として

$$\det(\alpha \boldsymbol{u} + \beta \boldsymbol{u}', \boldsymbol{v}, \boldsymbol{w}) = \alpha \det(\boldsymbol{u}, \boldsymbol{v}, \boldsymbol{w}) + \beta \det(\boldsymbol{u}', \boldsymbol{v}, \boldsymbol{w})$$

が成り立つ。ただし $\boldsymbol{u}, \boldsymbol{u}'$ はそれぞれ3次のタテベクトルである。第2,3列に対しても同様の式が成り立つ。

(3) 任意の2列を入れ替えると行列式は符号を変える。例えば $\det(\boldsymbol{u}, \boldsymbol{v}, \boldsymbol{w}) = -\det(\boldsymbol{v}, \boldsymbol{u}, \boldsymbol{w}) = \det(\boldsymbol{v}, \boldsymbol{w}, \boldsymbol{u})$ のように。

(4) 同一のベクトルを2列以上ふくむ行列の行列式はゼロである。例えば $\det(\boldsymbol{u}, \boldsymbol{u}, \boldsymbol{w}) = \det(\boldsymbol{u}, \boldsymbol{v}, \boldsymbol{v}) = 0$ が成り立つ。[4]

---

[4] これから容易に、ある2列のベクトルが平行なら行列式がゼロになることがわかる。

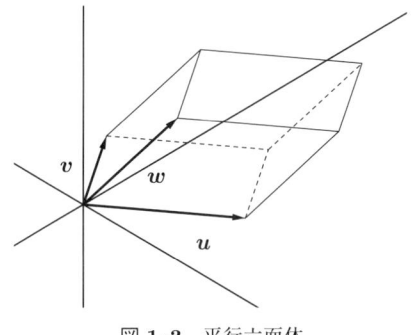

図 1-3　平行六面体

(5) 行列式 $\det(\boldsymbol{u}, \boldsymbol{v}, \boldsymbol{w})$ は3つの空間ベクトル $\boldsymbol{u}, \boldsymbol{v}, \boldsymbol{w}$ を3辺に持つ平行六面体の符号付き体積を表す。符号は3つのベクトルが右手系のときには $+1$ で左手系のときには -1 である。[5]

最後の体積に関する主張について一言。体積がゼロになる時、つまり行列式 $\det(\boldsymbol{u}, \boldsymbol{v}, \boldsymbol{w}) = 0$ となるのは平行六面体が潰れてしまう場合である。つまり3つのベクトルが同一平面や、甚だしい場合には同一直線上にあるときにそのようなことが起こる。このようなとき $\boldsymbol{u}, \boldsymbol{v}, \boldsymbol{w}$ は**一次従属**であるという。一次従属でないとき、つまり3つのベクトルが（潰れていない）平行六面体の3辺を構成するとき、**一次独立**という。一次従属や一次独立のきちんとした定義については線形代数の教科書 [3][8] 等を参照して欲しい。

[定理の証明]　(1)-(4) は行列式の定義式（1.8）に戻れば比較的容易に確かめることができるので、ここでは (5) のみを示す。

まず3つのベクトル $\boldsymbol{u}, \boldsymbol{v}, \boldsymbol{w}$ がすべて xy 平面上にあるとすると、各ベクトルの第3成分はすべてゼロであるから、定義式（1.8）より行列式はゼロになる。実際、式（1.8）の右辺の各項はすべて第

---

[5] 実は右手系・左手系は行列式の符号で判断するのが一般的で、その意味ではこの主張はトートロジーである。

3 成分のいずれかを含んでいることに注意しよう。このとき平行六面体も"潰れて"おり、その体積はゼロである。そこで適当に順番を入れ替えて u が xy 平面上にないとしてよい。順番を入れ替えることによって行列式はその符号が変化するだけである。

このとき、ある実数 $\alpha, \beta \in \mathbb{R}$ が存在して、$v' = v - \alpha u$ および $w' = w - \beta u$ は xy 平面上にある。また 2 次の行列式のときと同様にして $\det(u, v, w) = \det(u, v', w')$ であり、ベクトル u, v, w で張られた平行六面体も u, v', w' で張られた平行六面体も、体積は同じである[6]。したがって、定理は u, v', w' に対して示せばよい。ここまでくると行列式の定義式を適用するのはそう大変ではない。

$$\det(u, v', w') \begin{vmatrix} u_1 & v_1' & w_1' \\ u_2 & v_2' & w_2' \\ u_3 & 0 & 0 \end{vmatrix}$$
$$= u_3(v_1'w_2' - v_2'w_1') = u_3 \begin{vmatrix} v_1' & w_1' \\ v_2' & w_2' \end{vmatrix}$$

最後の式の 2 次の行列式は、平行六面体の底面をなす、xy 平面上の平行四辺形の(符号付き)面積である。さらに、そのように底面を取ったとき u_3 は(符号付きの)高さを表しているから、最後の式は確かに平行六面体の体積である。 □

この 3 次の行列式の応用を一つあげておこう。

例 1.8 xy 平面において 2 点 $p = {}^t(p_1, p_2)$ および $q = {}^t(q_1, q_2)$ を通る直線の方程式は

$$\begin{vmatrix} x & p_1 & q_1 \\ y & p_2 & q_2 \\ 1 & 1 & 1 \end{vmatrix} = 0 \qquad (1.9)$$

---

[6] $(u, v, w) \to (u, v, w') \to (u, v', w')$ のように一段階ずつ考える。各過程では、底面が同一で高さが同じ平行六面体が現れる。

で与えられる。このことを二通りの方法で見ておこう。

式 (1.9) は x, y の一次式なので明らかに直線の方程式を表している[7]。そこで、あとはこの直線が確かに $\boldsymbol{p}, \boldsymbol{q}$ を通ることを確かめさえすればよい。そこで (x, y) に (p_1, p_2) を代入すると、左辺の行列式において第1列目と第2列目が等しくなるので、行列式はゼロ、つまり等式は満たされる。したがって直線は点 $\boldsymbol{p}$ を通る。点 $\boldsymbol{q}$ を通ることも同様にして確かめることができる。

次に別の方法で式 (1.9) が2点 $\boldsymbol{p}, \boldsymbol{q}$ を通る直線の方程式を与えることを見よう。左辺の行列式の第1列のベクトルを $\boldsymbol{x}'$、第2列を $\boldsymbol{p}'$、第3列を $\boldsymbol{q}'$ と書こう。すると $\boldsymbol{x}', \boldsymbol{p}', \boldsymbol{q}'$ の終点はすべて空間内の平面 $z = 1$ 上にある（図1-4参照）。さらに式 (1.9) が成り立っているから、これらのベクトルは原点を通る同一の平面上にある[8]。したがって3点 $\boldsymbol{x}', \boldsymbol{p}', \boldsymbol{q}'$ は平面 $z = 1$ とこの原点を通る平面との交線上にある。点 (x, y) はこの直線を xy 平面に正射影した直線上の点を表しており、確かに $\boldsymbol{p}', \boldsymbol{q}'$ を正射影した点 $\boldsymbol{p}, \boldsymbol{q}$ を通る。

3次の行列式 (1.8) を変形すると

$$\det(\boldsymbol{a}, \boldsymbol{b}, \boldsymbol{c}) = a_3 \begin{vmatrix} b_1 & c_1 \\ b_2 & c_2 \end{vmatrix} + b_3 \begin{vmatrix} c_1 & a_1 \\ c_2 & a_2 \end{vmatrix} + c_3 \begin{vmatrix} a_1 & b_1 \\ a_2 & b_2 \end{vmatrix} \quad (1.10)$$

のように、2次の行列式によって展開できることがわかる。この展開式を (1.9) 式に用いると、

$$\begin{vmatrix} x & q_1 \\ y & q_2 \end{vmatrix} + \begin{vmatrix} p_1 & x \\ p_2 & y \end{vmatrix} = \begin{vmatrix} p_1 & q_1 \\ p_2 & q_2 \end{vmatrix}$$

となるが、この式も平面上の2点 $\boldsymbol{p}, \boldsymbol{q}$ を通る直線の方程式を表し

---

[7] 厳密にはこれが恒等的にはゼロでないことを確かめておく必要がある。
[8] 少し紛らわしいが、要するにベクトルの矢印そのものが同じ平面に含まれてしまい、平行六面体が潰れているという意味である。

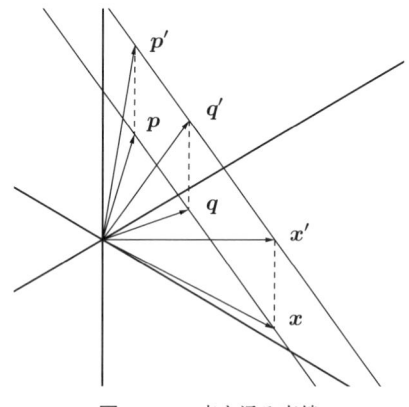

図 1-4　2 点を通る直線

ていた（式 (1.6) 参照）。

さて、式 (1.10) は行列式の "第 3 行目に関する展開" というが、これを第 1 列目について行うことも可能である。実際

$$|\boldsymbol{x}\ \boldsymbol{p}\ \boldsymbol{q}| = \begin{vmatrix} x & p_1 & q_1 \\ y & p_2 & q_2 \\ z & p_3 & q_3 \end{vmatrix} = \begin{vmatrix} p_2 & q_2 \\ p_3 & q_3 \end{vmatrix} x + \begin{vmatrix} p_3 & q_3 \\ p_1 & q_1 \end{vmatrix} y + \begin{vmatrix} p_1 & q_1 \\ p_2 & q_2 \end{vmatrix} z \tag{1.11}$$

である。ただし行列式を $\det(\boldsymbol{x}, \boldsymbol{p}, \boldsymbol{q}) = |\boldsymbol{x}\ \boldsymbol{p}\ \boldsymbol{q}|$ のように表した。このとき

$$\boldsymbol{p} \times \boldsymbol{q} = {}^t\left(\begin{vmatrix} p_2 & q_2 \\ p_3 & q_3 \end{vmatrix}, \begin{vmatrix} p_3 & q_3 \\ p_1 & q_1 \end{vmatrix}, \begin{vmatrix} p_1 & q_1 \\ p_2 & q_2 \end{vmatrix} \right)$$

とおいて、これをベクトル $\boldsymbol{p}$ と $\boldsymbol{q}$ の外積と呼ぶ。そうすると行列式は

$$|\boldsymbol{x}\ \boldsymbol{p}\ \boldsymbol{q}| = \boldsymbol{x} \cdot (\boldsymbol{p} \times \boldsymbol{q}) = |\boldsymbol{p}\ \boldsymbol{q}\ \boldsymbol{x}| \tag{1.12}$$

と内積を用いて書けることに注意しよう。

定理 1.9

2つのベクトル p, q の外積 $p \times q$ は p, q に直交しており、その長さは p, q を2辺とする平行四辺形の面積に等しい。

[証明] 式 (1.12) で $x = p$ とおくと $0 = |p \; p \; q| = p \cdot (p \times q)$ だから $p \perp (p \times q)$ である。全く同様にして $q \perp (p \times q)$ もわかる。

さて、底面が p, q で張られる平行四辺形で高さが $\|p \times q\|$ であるような平行六面体(この場合は角柱)を考えよう。$p \times q$ は底面に垂直だから、これは $p \times q, p, q$ を3辺とする平行六面体でもある。その(符号付きの)体積は行列式を用いて

$$\det(p \times q, p, q) = (p \times q) \cdot (p \times q) = \|p \times q\|^2$$

と計算できる[9]。一方、底面が p, q を2辺とする平行四辺形で高さが $\|p \times q\|$ の角柱の体積は(平行四辺形の面積)$\cdot \|p \times q\|$ であるから、両者を比較して(平行四辺形の面積)$= \|p \times q\|$ であることがわかる。 □

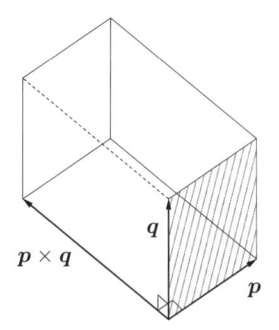

図 1-5 $p \times q, p, q$ を3辺とする平行六面体

---

[9] 符号付き体積であったが、結果を見ると正なので、これは体積そのものであることがわかる。

演習 1.10 空間ベクトル p, q に対して、$p \times q = -q \times p$ であることを示せ。このように順序を変えると符号が反転する性質を交代性と呼ぶのであった。

話を平面と直線の性質に戻す。我々は 3 次の行列式という新たな武器を得たので、これを用いて 3 次元空間へと歩を進めよう。

1.4 空間内の平面

空間内にももちろん直線はあるが、空間において平面内の直線にあたるものは実は平面である。直線と同じように空間内の平面の表し方をいくつか見てみよう。

まず、係数のすべてはゼロでないような一次式

$$ax + by + cz = d \tag{1.13}$$

は空間内の平面の方程式を表している。実際、例えば $c \neq 0$ ならこの式の両辺を c で割って、整理すると

$$z = \alpha x + \beta y + \gamma$$

の形になり、この式は (x, y) の一次関数のグラフと思うことができる。この図形がなぜ平面になるのか直感的に説明してみよう。式 (1.13) において x を固定して考えると、それは (y, z) 平面内の直線の方程式（を x 軸方向に平行移動したもの）である。固定してあった x を漸次動かしていくと、その (y, z) 平面内の直線の z 切片が一定の割合 α で変化していくので、直線の掃いた領域は平面になる。

つぎに $n = {}^t(a, b, c)$ とおいて、n に垂直で点 p を通る平面を考

えてみよう。n を平面の**法線ベクトル**と呼ぶ。平面上の点を x とすると、$x - p$ と n は直交しているから

$$n \cdot (x - p) = 0, \quad n \cdot x = n \cdot p \tag{1.14}$$

が成り立つ。したがってこれが求める平面の方程式である。成分で書くと $d = n \cdot p$ とおいて (1.14) 式は $ax + by + cz = d$ となる。この式は (1.13) 式に他ならない。

この表示を使って、平面外の一点 q とこの平面との距離を求めてみよう。それには、点 q から平面におろした垂線の足を求めればよい。垂線の足は q を通り、方向が n の直線上にある。この直線のパラメータ表示は平面上の直線の場合と全く同じで

$$x = tn + q \quad (t \text{ はパラメータ}) \tag{1.15}$$

となる。まとめ 1.1 の (3) と比べてみよう。この空間内における直線のパラメータ表示式が、平面上の直線のパラメータ表示と同じであることに気がつくだろう。一方まとめ 1.1 の (2) は空間においてはまさしく平面の方程式 (1.14) を与えている。この違いは、直線を 1 次元[10]であると思うか、余次元が 1 である[11]と思うかによって直線の空間における一般化が「空間内の直線」になるか「空間内の平面」になるかで異なることに起因している。

話を元に戻そう。垂線の足は直線 (1.15) 上にあり、しかもそれはまた平面 (1.14) 上にもあるから、

$$n \cdot ((tn + q) - p) = 0, \quad t\|n\|^2 = n \cdot (p - q)$$
$$\therefore \quad t = \frac{n \cdot (p - q)}{\|n\|^2}$$

---

10) パラメータの数が 1 つであることと解釈してよい。
11) 全体の空間の次元からどれくらい次元が落ちているかが余次元である。平面における直線の余次元は 1 だが、空間においては $2 = 3 - 1$ が余次元である。一方、平面の次元は 2 なので空間における平面の余次元は 1 である。

したがって点 q と垂線の足との距離は

$$\|t\boldsymbol{n}\| = |t|\|\boldsymbol{n}\| = \frac{|\boldsymbol{n} \cdot (\boldsymbol{q} - \boldsymbol{p})|}{\|\boldsymbol{n}\|} \tag{1.16}$$

で与えられる。

定理 1.11

平面 $ax + by + cz = d$ と点 $\boldsymbol{q} = {}^t(q_1, q_2, q_3)$ との距離は

$$\frac{|aq_1 + bq_2 + cq_3 - d|}{\sqrt{a^2 + b^2 + c^2}}$$

で与えられる。特に原点との距離は

$$\frac{|d|}{\sqrt{a^2 + b^2 + c^2}}$$

である。

[証明] 法線ベクトルが $\boldsymbol{n} = {}^t(a, b, c)$ であるから、これを式 (1.16) に代入すればよい。 □

平面の方程式 $ax + by + cz = d$ の両辺を $\sqrt{a^2 + b^2 + c^2}$ で割ると、

$$\frac{ax + by + cz}{\sqrt{a^2 + b^2 + c^2}} = \frac{d}{\sqrt{a^2 + b^2 + c^2}}$$

の形になるが、この形で書いておくと右辺の定数は原点から平面までの符号付き距離を表していることになる。両辺を $\sqrt{a^2 + b^2 + c^2}$ で割る効果は要するに法線ベクトル $\boldsymbol{n}$ の長さを 1 にするということであり、これを法線ベクトルの正規化（あるいは規格化）という。このように正規化された方程式をヘッセの標準形と呼ぶ。[12]

---

12) Hesse, Ludwig Otto (1811-1874).

演習 1.12 平面上の直線 $ax+by=c$ を考える。この直線と原点の距離は

$$\frac{|c|}{\sqrt{a^2+b^2}}$$

であることを示せ。

平面のパラメータによる表示を考えてみる。平面は2次元なので、2つの独立な方向を持っている。それを u, v とする。2つのパラメータ s, t に対して、$su+tv$ を考えると、これはベクトル u, v を2辺とする平行四辺形を含む（原点を通る）平面上の点を表している。あとは空間内の一点 p を決めると、点 p を通り方向が u, v の平面上の任意の点は、原点を通る平面を p だけ平行移動して

$$x = su + tv + p$$

と書け、これが平面のパラメータ表示を与える。

これを利用して3点を通る平面の方程式を求めてみよう。三角

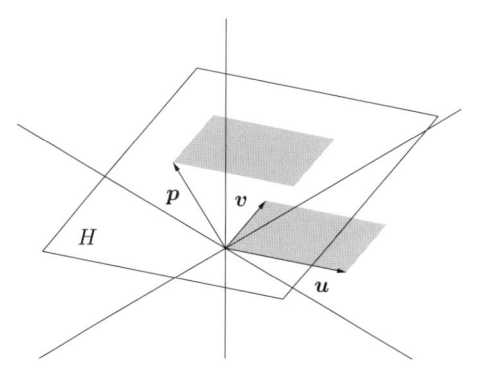

図 1-6　方向 u, v で通過点 p の平面 H

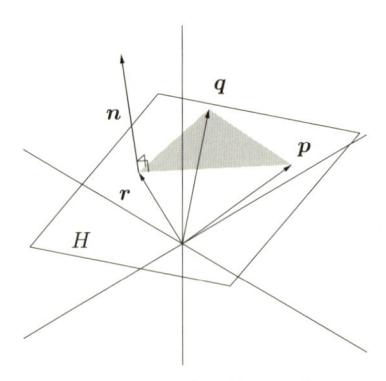

図1-7 3点を通る平面

形の頂点をなす3点 p, q, r を通る平面はただ一つに定まる[13]。まず平面のパラメータ表示を求めてみよう。平面の方向は三角形の二辺 $q-p$, $r-p$ で決まるから、通過点（の一つ）が p であることを考えあわせると

$$x = s(q-p) + t(r-p) + p = (1-s-t)p + sq + tr$$

がパラメータ表示である。最後の式は3点の役割に関して平等だから、パラメータ表示として

$$x = \xi p + \eta q + \zeta r \quad (\xi + \eta + \zeta = 1)$$

を採用するのがよいだろう。

3点を通る平面 H の方程式は行列式を使っても書くことができる。それには次のようにすればよい。ベクトル

$$u = p - r, \quad v = q - r$$

は平面の2つの独立な方向を決めているので、H の法線ベクトル n は外積を用いて

---

[13] 3点が一直線上にならぶときには平面はただ一つには決まらない。このような場合、3点の配置は特殊であるとか、退化しているという。これに反して3角形の頂点になっているような場合には3点の配置は一般であるという。

$$\boldsymbol{n} = \boldsymbol{u} \times \boldsymbol{v} = (\boldsymbol{p} - \boldsymbol{r}) \times (\boldsymbol{q} - \boldsymbol{r}) \tag{1.17}$$

と計算できる。そこで H 上の点 $\boldsymbol{x}$ を考えると、$\boldsymbol{x} - \boldsymbol{r}$ は $\boldsymbol{n}$ と垂直なので $\boldsymbol{n} \cdot (\boldsymbol{x} - \boldsymbol{r}) = 0$ が求める方程式である。式 (1.12) を用いると、左辺は行列式を用いて

$$\begin{aligned}\boldsymbol{n} \cdot (\boldsymbol{x} - \boldsymbol{r}) &= \bigl((\boldsymbol{p} - \boldsymbol{r}) \times (\boldsymbol{q} - \boldsymbol{r})\bigr) \cdot (\boldsymbol{x} - \boldsymbol{r}) \\ &= \det(\boldsymbol{p} - \boldsymbol{r}, \boldsymbol{q} - \boldsymbol{r}, \boldsymbol{x} - \boldsymbol{r})\end{aligned}$$

と表されるから、平面の方程式は $\det(\boldsymbol{p} - \boldsymbol{r}, \boldsymbol{q} - \boldsymbol{r}, \boldsymbol{x} - \boldsymbol{r}) = 0$ と書ける。まとめておこう。

定理 1.13

一般の位置にある 3 点 $\boldsymbol{p}, \boldsymbol{q}, \boldsymbol{r}$ を通る平面の方程式は

$$\det(\boldsymbol{p} - \boldsymbol{r}, \boldsymbol{q} - \boldsymbol{r}, \boldsymbol{x} - \boldsymbol{r}) = 0$$

で与えられる。

さて、いささか天下りではあるが、次の式を考えてみよう。ただし $|\boldsymbol{p}\ \boldsymbol{q}\ \boldsymbol{r}|$ は 3 次の行列式 $\det(\boldsymbol{p}, \boldsymbol{q}, \boldsymbol{r})$ を表している。

$$|\boldsymbol{x}\ \boldsymbol{q}\ \boldsymbol{r}| + |\boldsymbol{p}\ \boldsymbol{x}\ \boldsymbol{r}| + |\boldsymbol{p}\ \boldsymbol{q}\ \boldsymbol{x}| = |\boldsymbol{p}\ \boldsymbol{q}\ \boldsymbol{r}| \tag{1.18}$$

この式を成分によって展開してまとめると $\boldsymbol{x} = {}^t(x, y, z)$ の一次式になっているからこの等式は確かに平面の方程式である。一方、$\boldsymbol{x} = \boldsymbol{p}$ を代入すると、左辺の第 1 項は右辺と一致し、第 2 項と第 3 項では行列式に同じ列が現れてしまうので、それらの項は "消える"。同様に $\boldsymbol{x} = \boldsymbol{q}, \boldsymbol{r}$ を代入してもやはり等式は成り立つことがわかる。したがってこの式によって決まる平面は 3 点を通るから、(1.18) 式も、やはり 3 点 $\boldsymbol{p}, \boldsymbol{q}, \boldsymbol{r}$ を通る平面の方程式である。

式 (1.12) を用いると、行列式は $|\boldsymbol{x}\ \boldsymbol{p}\ \boldsymbol{q}| = \boldsymbol{x} \cdot (\boldsymbol{p} \times \boldsymbol{q})$ などと

外積を使って表すことができるから、式 (1.18) は

$$(q \times r + r \times p + p \times q) \cdot x = |p\ q\ r|$$

と変形できる。この式から $n = q \times r + r \times p + p \times q$ は、この平面の法線ベクトルであることがわかる。実はこの法線ベクトルはすでに計算した式 (1.17) と同じものである。外積の式を展開して $r \times r = 0$ と外積の交代性を使えば容易にわかるので確かめてみて欲しい。

演習 1.14 方向が u, v であって、点 p を通る平面の方程式は $|x\ u\ v| = |p\ u\ v|$ で与えられることを示せ。またこの平面の法線方向は $n = u \times v$ であることを示せ。

1.5 空間内の直線

平面内の直線、空間内の平面について調べて来たが、最後の仕上げとして空間内の直線について考えてみよう。平面の場合と同じように空間内の直線もさまざまな条件（情報）で決まる。どのような条件があり得るのか、代表的なものをあげてみよう。

(1) 方向が v で点 p を通る直線

$$x = tv + p \quad (t\text{ はパラメータ})$$

(2) 2点 p, q を通る直線

$$x = sp + tq \quad (t, s\text{ はパラメータ},\ s + t = 1)$$

(3) 2つの平面の交線

空間内の直線を記述するには、この3つの見方が基本的で

あるが、他にも直線の定義の仕方は無数にある。例えば、次のようなものがある。

(4) 平面上の一点を通り、平面に垂直な直線
(5) 一般の位置にある2本の直線に直交する直線
(6) ある一点を通り、一般の位置にある2本の直線に交わる直線

このようなリストはいくらでも作ることができるが、基本は最初の (1)-(3) の記述である。そこでこの3つについてまず少し詳しく解説しておこう。

まず通過点 $\boldsymbol{p} = {}^t(p_1, p_2, p_3)$ と方向ベクトル $\boldsymbol{v} = {}^t(\ell, m, n)$ が与えられたとしよう。このとき、パラメータ表示 (1) から

$$\boldsymbol{x} = t\boldsymbol{v} + \boldsymbol{p} = (t\ell + p_1, tm + p_2, tn + p_3)$$

である。ここで ℓ, m, n がすべてゼロではないとしよう。すると

$$t = \frac{x - p_1}{\ell} = \frac{y - p_2}{m} = \frac{z - p_3}{n}$$

が成り立つ。逆に、最初の等号をのぞく残りの等号が成り立っていれば、その値をパラメータ t と置くことによって最初のパラメータ表示を得る。したがって直線の方程式は

$$\frac{x - p_1}{\ell} = \frac{y - p_2}{m} = \frac{z - p_3}{n} \tag{1.19}$$

であって、この形の方程式が得られれば、方向ベクトルは分母から、通過点は分子からわかる。

ここでもし $n = 0$ だったらどうなるかを考えてみる。パラメータ表示より

$$\boldsymbol{x} = t\boldsymbol{v} + \boldsymbol{p} = {}^t(t\ell + p_1, tm + p_2, p_3)$$

だから z 座標はこのとき常に定数であって $z = p_3$ となる。一方 x, y は $\ell, m \neq 0$ ならば

$$\frac{x-p_1}{\ell} = \frac{y-p_2}{m}$$

を満たす。したがって直線の方程式はこれを合わせて

$$\frac{x-p_1}{\ell} = \frac{y-p_2}{m}, \ z = p_3$$

である。これは xy 平面上の直線を z 方向に p_3 だけ平行移動した直線を表している。ここでさらに $m=0$ ならば $y=p_2, z=p_3$ であって、これは x 軸に平行な直線になる。

一見すると、方向ベクトルが特殊なために方程式が2つ必要であるように見えるが、そうではない。式 (1.19) も一つの式のように見えるが、実は

$$\frac{x-p_1}{\ell} = \frac{y-p_2}{m}, \quad \frac{y-p_2}{m} = \frac{z-p_3}{n}$$

という形の連立方程式をまとめて書いたものにすぎない。それぞれは x,y,z の一次式なので平面の方程式だから、このような連立一次方程式は2つの平面の交線を表していることになる。

そこで、次に2つの一般の位置にある平面 H_1, H_2 の共通部分（交線）としての直線の表示がどうなるかを見てみよう。平面の方程式を

$$H_1 : a_1 x + b_1 y + c_1 z = d_1, \qquad \boldsymbol{n_1} := {}^t(a_1, b_1, c_1)$$
$$H_2 : a_2 x + b_2 y + c_2 z = d_2, \qquad \boldsymbol{n_2} := {}^t(a_2, b_2, c_2)$$

とおこう。$\boldsymbol{n_1}, \boldsymbol{n_2}$ はそれぞれの法線ベクトルである。平面の共通部分である直線上の点は、この2つの方程式を同時に満たしていなければならない。要するにこの連立一次方程式の解の全体が求める直線である。さて、2つの平面の共通部分から一点 $\boldsymbol{p}$ を選ぼう。すると上の方程式系は $\boldsymbol{n_i} \cdot (\boldsymbol{x} - \boldsymbol{p}) = 0 \ (i=1,2)$ と書けるのであった。これは $\boldsymbol{x} - \boldsymbol{p}$ が $\boldsymbol{n_1}$ にも $\boldsymbol{n_2}$ にも直交しているということであるから、つまり $(\boldsymbol{x} - \boldsymbol{p}) \parallel (\boldsymbol{n_1} \times \boldsymbol{n_2})$ であることがわかる。し

がって

$$\bm{x} - \bm{p} = t(\bm{n_1} \times \bm{n_2}),$$
$$\therefore \quad \bm{x} = t(\bm{n_1} \times \bm{n_2}) + \bm{p} \tag{1.20}$$

が直線のパラメータ表示である。あるいは方程式で書けば

$$\frac{x - p_1}{\begin{vmatrix} b_1 & c_1 \\ b_2 & c_2 \end{vmatrix}} = \frac{y - p_2}{\begin{vmatrix} c_1 & a_1 \\ c_2 & a_2 \end{vmatrix}} = \frac{z - p_3}{\begin{vmatrix} a_1 & b_1 \\ a_2 & b_2 \end{vmatrix}}$$

とも書くことができる。

少し別の見方をしてみよう。未知数が3つの連立一次方程式は、方程式が3つあると解けるので、2つの平面の方程式にもう一つの方程式を付け加えてみよう。つまり、次の連立方程式を考えてみる。

$$\begin{cases} a_1 x + b_1 y + c_1 z = d_1 \\ a_2 x + b_2 y + c_2 z = d_2 \\ \ell x + m y + n z = t \end{cases} \tag{1.21}$$

最初の2つの式が平面 H_1, H_2 の方程式なので、この連立方程式の解は交線 $H_1 \cap H_2$ 上の1点である。この点は t を与えれば決まるが、t を動かすと $H_1 \cap H_2$ 上を動いていくだろう。つまり t を動かすことによって交線 $H_1 \cap H_2$ のパラメータ表示が得られる。上でやったように $\bm{n}_i = {}^t(a_i, b_i, c_i)$ $(i=1,2)$ とおく。このとき (ℓ, m, n) は一般の定ベクトルでよいのだが、計算がしやすいように ${}^t(\ell, m, n) = \bm{n_1} \times \bm{n_2}$ とおいてみよう。方程式は行列を用いて

$$A \cdot \bm{x} = \begin{pmatrix} d_1 \\ d_2 \\ t \end{pmatrix} \quad \text{ただし } A = \begin{pmatrix} a_1 & b_1 & c_1 \\ a_2 & b_2 & c_2 \\ \ell & m & n \end{pmatrix}$$

と書けているが、この解は

$$x = \frac{1}{\|\bm{n_1} \times \bm{n_2}\|^2} \Big(d_1 \, \bm{n_2} \times (\bm{n_1} \times \bm{n_2}) \\ - d_2 \, \bm{n_1} \times (\bm{n_1} \times \bm{n_2}) + t \, \bm{n_1} \times \bm{n_2} \Big) \tag{1.22}$$

で与えられる。これを確かめてみよう。例えば $A\bm{x}$ の第1成分は

$$(a_1, b_1, c_1)\bm{x} = \bm{n_1} \cdot \bm{x}$$

と計算されるが、さらに

$$\bm{n_1} \cdot (\bm{n_2} \times (\bm{n_1} \times \bm{n_2})) = \det(\bm{n_1}, \bm{n_2}, \bm{n_1} \times \bm{n_2}) = \|\bm{n_1} \times \bm{n_2}\|^2$$
$$\bm{n_1} \cdot (\bm{n_1} \times (\bm{n_1} \times \bm{n_2})) = 0 = \bm{n_1} \cdot (\bm{n_1} \times \bm{n_2})$$

より $\bm{n_1} \cdot \bm{x} = d_1$ である。第2成分、第3成分も同様にして、それぞれ $\bm{n_2} \cdot \bm{x} = d_2$, $(\bm{n_1} \times \bm{n_2}) \cdot \bm{x} = t$ となることが確かめられる。結局、このようにして、式 (1.22) が求める直線のパラメータ表示を与えていることがわかった。

最後にパラメータ表示 $\bm{x} = s\bm{p} + t\bm{q}$ $(s+t=1)$ を考えてみよう。これは2点 $\bm{p}, \bm{q}$ を通る直線なので、その方向ベクトルは $\bm{q} - \bm{p}$ で与えられる。通過点は $\bm{p}$ だから、求める直線の方程式は

$$\frac{x - p_1}{q_1 - p_1} = \frac{y - p_2}{q_2 - p_2} = \frac{z - p_3}{q_3 - p_3}$$

で与えられる。

これでこの節の最初にあげた問題の (1)-(3) に関する説明は終わりであるが、(4) は簡単なので演習問題とする。

演習 1.15 平面 $2x - y + 3z = 3$ に垂直で平面上の点 $\bm{p} = {}^t(1, 2, 1)$ を通る直線の方程式を求めよ。

残る (5), (6) はいささか複雑である。これについては巻末の附録にまとめておいた。興味のある読者はそちらを参照していただきたい。

第 2 章

射影の考え方

　射影の考え方は、幾何学の理解にしばしば有用である。この章では、初等的な立場から、射影とは何か、どのように幾何学へ応用するのかについて導入的な解説を行う。

『射影の幾何学』が歴史的に顕著な形で現れるのは、古くギリシャ時代にアポロニウス[1]やパップス[2]によって研究された円錐曲線の理論であろう。円錐曲線は点光源から発した光の円錐による円の影とみることができるが、この時代には射影というよりもむしろ（言葉どおりに）円錐の切断面という扱い方が主であった。

その後、長い数学的な暗黒時代を経てルネッサンス期になると、射影は透視図法や地図の投影図を描く技法として広く使われるようになる。それを受けて、17世紀にはデザルグ[3]やパスカル[4]によって射影の数学的定式化と幾何学への応用が論じられた。以下の節ではデザルグとパスカルによる射影の概念を用いた新定理の発見と、そこに至るまでの過程について概観する。

デザルグによる"無限遠点"の導入は、それまでの平面幾何学の定理における煩瑣な場合分けを廃する画期的なアイデアであったが、これが受け入れられるようになるには長い期間を要した。斬新なアイデアがしばしば一般に受け入れられないことは科学史上よくあることであるが、デザルグの場合もまた然りであった。実は、この無限遠点の概念は単なる便宜的なものにとどまらず、射影とそれに伴う幾何学——射影幾何学の中でも最重要な概念の一つとなってゆく。この章の最後の節では、無限遠点の導入に至る歴史と、その考え方を紹介しよう。

---

1) Apollonius of Perga (262BC?-190BC?).
2) Pappus of Alexandria (290?-350?).
3) Girard Desargues (1591-1661).
4) Blaise Pascal (1623-1662).

2.1 平行光線による射影

3次元空間から平面へ図形を射影するには何通りかの方法がある。この節ではまず、平行光線による射影を考えてみよう。

3次元空間を $E_3 = \mathbb{R}^3$ と書き、通常のように x, y, z 軸を考える。また、E_3 の中の xy 平面を H で表わそう。

$$H = \{{}^t(x,y,0) \mid x, y \in \mathbb{R}\} \simeq \mathbb{R}^2$$

H は z 座標がゼロであるような点の全体であって[5]、方程式 $z = 0$ で定義されている。

さて、空間内に方向 $\boldsymbol{v} := {}^t(p, q, r)$ の平行な光線束（光線の集まり）があるとし、この光によって、3次元空間内の図形を xy 平面 H に投影することを考えてみる（図 2-1 参照）。

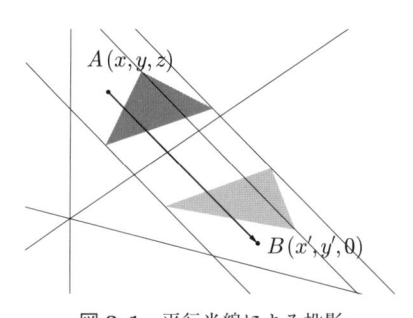

図 2-1 平行光線による投影

例えば、点 $A := {}^t(x, y, z) \in E_3$ を投影すると平面上のどのような点に写るだろうか？　これを数式で表してみよう。

点 $A = {}^t(x, y, z)$ を通り、方向が $\boldsymbol{v} = {}^t(p, q, r)$ の直線を ℓ とし、ℓ と H との交点を B とすると、B が A を投影した点である。

---

[5] $\mathbb{R}^2$ は 2 つの実数の組の全体で xy 平面上の点と一対一に対応している。記号 "$\simeq$" は一対一に対応していること、少し難しく言えば同型であることを表す記号である。

しかし、ここでもし $r = 0$ ならば、方向ベクトル $\boldsymbol{v}$ は xy 平面と平行になってしまい、直線 ℓ は平面 H とまったく交わらないか、あるいは H に完全に含まれてしまう。このときは、交点 B が決まらず都合が悪い（図 2-2 参照）。

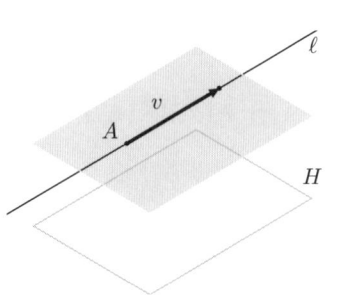

図 2-2 射影不可能な場合

これは光が平面 H と平行に射している場合に相当する。そこで以下 $r \neq 0$ の場合を考えよう。このとき、写像 $\pi_{\boldsymbol{v}} : E_3 \ni A \to B \in H$ が決まるので、これを方向 $\boldsymbol{v}$ の**平行射影**と呼ぶ。

この射影を式を使って書きあらわそう。まず、直線 ℓ のパラメータ表示は $t \in \mathbb{R}$ をパラメータとして

$$\ell : {}^t(x,y,z) + t\boldsymbol{v} = {}^t(x+tp, y+tq, z+tr)$$

である。この直線が xy 平面 H と交わる点、つまり投影点 B においては、z 座標を 0 とおいて $t = -z/r$ となることがわかる。したがって $B = {}^t(x - pz/r, y - qz/r, 0)$ が交点である。H と $\mathbb{R}^2$ を同一視すると、結局

$$\begin{aligned}
\pi_{\boldsymbol{v}} &: \mathbb{R}^3 \to \mathbb{R}^2, \\
\pi_{\boldsymbol{v}}({}^t(x,y,z)) &= {}^t(x - pz/r, y - qz/r)
\end{aligned} \tag{2.1}$$

と表されることがわかった。右辺は x, y, z の一次式であることに注意しよう。

平行射影のうち、光線の方向 $\boldsymbol{v}$ が平面 H と垂直な場合を**正射影**と呼ぶ。H は xy 平面なので、これは $\boldsymbol{v} = {}^t(0,0,1)$ を意味している。このとき射影は $\pi({}^t(x,y,z)) = {}^t(x,y)$ のように、最初の 2 つの成分を取り出すような写像になる。

平行射影を用いて、以下、2 つの有名な定理を証明してみよう。

この証明は、射影という考え方がいかに有用かを教えてくれるであろう。

🌳 デザルグの定理

まず、最初の例としてデザルグの定理を考えてみる。デザルグの定理は射影幾何学において最も重要な定理の一つで、公理論的な射影幾何学の構成においては『公理』として扱われる性質となっている[6]。この定理を述べる前に、少し言葉の準備をする。

定義 2.1

平面あるいは空間内の直線の集合 $\mathcal{L} = \{\ell_1, \ell_2, \ell_3, \ldots\}$ が与えられたとき、$\mathcal{L}$ が**共点**であるとは、これらの直線がある一点で交わるときにいう。

また点の集合 $\mathcal{P} = \{p_1, p_2, p_3, \ldots\}$ に対して、$\mathcal{P}$ が**共線**であるとは、$\mathcal{P}$ の点がすべてある一つの直線上に載っているときにいう。

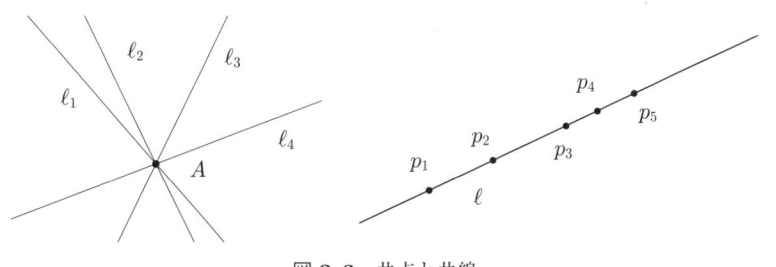

図 2-3 共点と共線

---

[6] ただし、2 次元射影幾何の場合。3 次元以上の射影幾何においては他の公理から証明できる。

定理 2.2

平面上の 2 つの三角形 $\triangle ABC$ と $\triangle A'B'C'$ の対応する頂点を結ぶ 3 本の直線 AA', BB', CC' が共点であるとする。このとき、対応する辺を延長した直線同士の交点

$$P = AB \cap A'B', \quad Q = BC \cap B'C', \quad R = CA \cap C'A'$$

が存在すれば、それらは共線である。つまり P, Q, R はある一本の直線上にある。

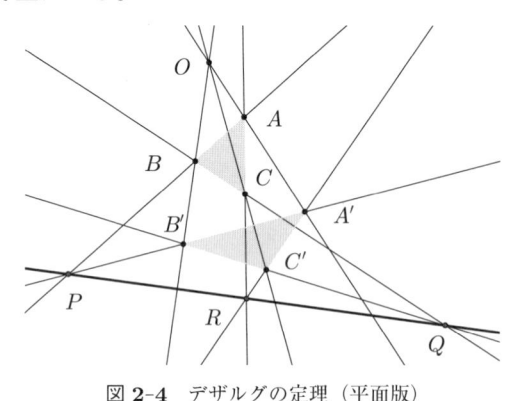

図 2-4　デザルグの定理（平面版）

この定理では、2 つの三角形の対応する辺の交点 P, Q, R が存在することが仮定されているが、存在しないときには、その主張は次のようになる。

"もし 2 組の辺同士が平行（つまり延長した直線が交点を持たない）ならば、残りの 1 組の直線も平行である。例えば $AB \parallel A'B'$ かつ $BC \parallel B'C'$ ならば $CA \parallel C'A'$ が成り立つ。"

この平行性の主張については、後述することにして、まず定理の主張を射影の考え方を用いて証明してみよう。証明のカギとなるのは、空間版のデザルグの定理である。定理の主張は平面版のものとほとんど同じであるが、再掲する。

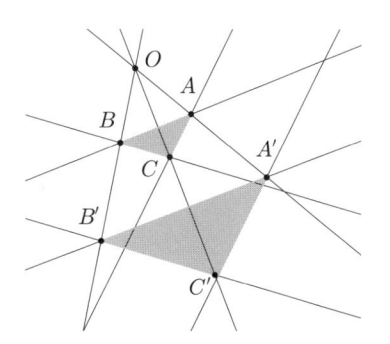

図 2-5　デザルグの定理平行線版

定理 2.3　空間版デザルグの定理

空間内の三角形 $\triangle ABC$ と $\triangle A'B'C'$ の対応する頂点を結ぶ 3 本の直線 AA', BB', CC' が共点であるとする。このとき、

(1) 対応する辺を延長した直線同士、例えば AB と $A'B'$ は、平行であるか一点で交わる。

(2) 3 組の対応する辺同士が交点を持てば、それら 3 つの交点は共線である。

(3) 2 組の対応する辺同士が平行ならば、残りの 1 組も平行である。

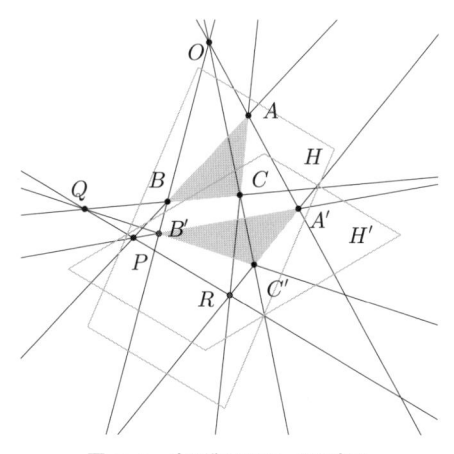

図 2-6　空間版デザルグの定理

次元が上がると、物事はより複雑になってしまうように思えるだろう。実際、空間内の 2 本の直線の配置は平面より複雑で、それらは

(ア) 交わるか、

(イ) 平行であるか、

(ウ) ねじれの位置にある。

このとき、(ア) または (イ) であれば 2 本の直線を含むような平面が存在するが、(ウ) の時にはそのような平面は存在しないことにも注意しよう。

このように、平面よりも空間の方が自由度が高く、図形の空間配置を記述するには、より多くのパラメータと場合分けが必要になる。しかしデザルグの定理の証明は空間版の方が平面版よりも簡単なのである。まず空間版の定理を証明してみよう。

[定理 2.3（空間版デザルグの定理）の証明] 直線 AA' と BB' は共点であるから、この 2 本の直線を同時に含む平面が存在する。したがって、直線 AB と $A'B'$ も同一平面上にある。このことから AB と $A'B'$ はねじれの位置にはなく、平行か交点を持つかのいずれかであることがわかる。これで (1) が示された。

三角形 $\triangle ABC$ の定める平面を H、$\triangle A'B'C'$ の定める平面を H' とし、以下、2 平面 H, H' は相異なるとしよう。もし 2 つの三角形が同一平面上にあれば、それは平面版のデザルグの定理に一致する！ 平面版の定理を $H \neq H'$ となる場合に帰着して証明できるのだが、それはこの定理の証明の後で行うことにする。

そこで $H \neq H'$ の場合に (2) を示そう。仮定より三角形の各辺同士は平行でないので、H, H' も平行ではなく、したがって交わる。平面同士の交わりは一本の直線となるから $H \cap H' = \ell$ を交線とする。

このとき、直線 AB は平面 H 上にあり、$A'B'$ は H' 上にあるから、その交点 $P = AB \cap A'B'$ は $H \cap H' = \ell$ 上にある。他の 2

つの交点 Q, R についても同様であるから、3 交点 P, Q, R は交線 ℓ 上にあり、共線である。

最後に（3）を示そう。対応する 2 組の辺が平行であり、2 本の直線を含む平面はただ一つしかないから、$H \parallel H'$ である。したがって残りの 1 組の辺は交点を持たない。(1) の証明よりこの辺の組は同じ平面内にあり、平行であるか、あるいは交点を持つかのいずれかであるが、交点を持たないことがわかったので平行である。 □

いよいよ平面版のデザルグの定理を証明しよう。上の証明で注意したように、これは空間版のデザルグの定理において 2 つの三角形が同一平面上にあるような退化した場合と考えられる。カギとなるのは 1 つの三角形を平行射影によって空間内に"持ち上げる"ことである。

[定理 2.2（平面版のデザルグの定理）の証明] 三角形 $\triangle ABC$ や $\triangle A'B'C'$ が載っている平面を H と書いて、空間 E_3 内の xy 平面とみなすことにする。また、2 つの三角形の対応する頂点を結ぶ 3 本の直線 $\ell_1 = AA', \ell_2 = BB', \ell_3 = CC'$ の交点を O で表す。もちろん直線 ℓ_i や交点 O は平面 H 上にある。

空間 E_3 から H への $\boldsymbol{v} = {}^t(0,0,-1)$ 方向の平行射影（正射影）$\pi = \pi_v$ を考え、平面 H 上にはなく、交点 O に射影されるような空間 E_3 内の点 $\mathbb{O}$ を取る。点 O の座標が $(\alpha, \beta, 0)$ なら、例えば $\mathbb{O}$ の座標を $(\alpha, \beta, 1)$ と取ればよい。

3 本の直線 ℓ_1, ℓ_2, ℓ_3 を $\mathbb{O}$ の方向に持ちあげて、$\mathbb{L}_1 = \mathbb{O}A, \mathbb{L}_2 = \mathbb{O}B, \mathbb{L}_3 = \mathbb{O}C$ としよう。このとき $\mathbb{L}_1$ 上の点 $\mathbb{A}'$ であって、$\pi(\mathbb{A}') = A'$ となるものがただ一つ存在する。同様に $\mathbb{L}_2$ 上に $\pi(\mathbb{B}') = B'$ となる点 $\mathbb{B}'$ を取り、$\mathbb{L}_3$ 上に $\pi(\mathbb{C}') = C'$ となる点 $\mathbb{C}'$ を取る。

このようにして別々の平面上に構成された 2 つの三角形 $\triangle ABC$ と $\triangle \mathbb{A}'\mathbb{B}'\mathbb{C}'$ に対しては空間版のデザルグの定理が成り立つ。つま

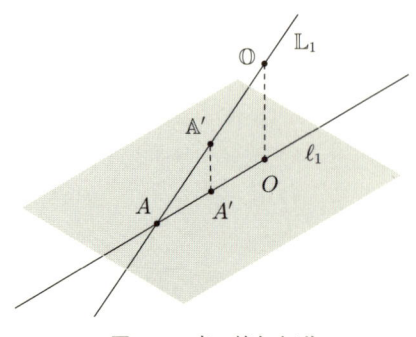

図 2-7　点の持ち上げ

り

$$P = AB \cap \mathbb{A}'\mathbb{B}', \quad Q = BC \cap \mathbb{B}'\mathbb{C}', \quad R = CA \cap \mathbb{C}'\mathbb{A}'$$

とおくと、P, Q, R は同一直線上にある。このとき、例えば AB と $A'B'$ は平行でないから、AB と $\mathbb{A}'\mathbb{B}'$ も平行ではない。また、明らかに P, Q, R は平面 H 上にある。

さて、正射影 π によって $\mathbb{A}', \mathbb{B}', \mathbb{C}'$ を射影した点が A', B', C' であるから、交点 $P = AB \cap \mathbb{A}'\mathbb{B}'$ は π によって交点 $AB \cap A'B'$ に写る。ところが $P \in H$ だから $\pi(P) = P$ であって、$P = AB \cap \mathbb{A}'\mathbb{B}' = AB \cap A'B'$ が成り立つ。同様にして、$Q = BC \cap \mathbb{B}'\mathbb{C}' = BC \cap B'C'$, $R = CA \cap \mathbb{C}'\mathbb{A}' = CA \cap C'A'$ であることがわかり、P, Q, R が共線であったから定理は示された。　　□

このように平面上のデザルグの定理は平行射影によって空間版に"持ち上げる"ことで簡単に証明できる。上の証明は、図を用いて説明すれば簡単なものを、言葉によって説明しようとしたために冗長になっているが、基本的には、射影によって点がどのように対応するかを述べたにすぎない。この証明のよいところは、空間版に移行して平面版をその影と思うことによりデザルグの定理がほぼ当り前のように思える点にある。これが射影幾何の威力である。

3円の共通外接線

空間の自由度と射影をうまく使った、別の定理の証明を紹介しよう。

互いに交わらず、包含関係もないような2つの円 C_1, C_2 を考える。円の中心をそれぞれ O_1, O_2 としよう。双方の円に接する直線を C_1, C_2 の**共通接線**という。すぐわかるように共通接線は4本あるが、このうち、2つの円の中心を結ぶ線分 $O_1 O_2$ と交わらないものを**共通外接線**と呼ぼう。二円の共通外接線は2本存在する（図 2-8 参照）。

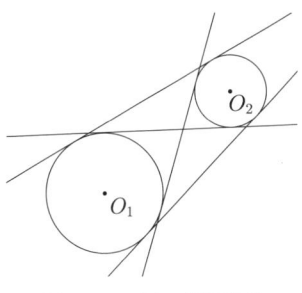

図 2-8 2円の共通接線

定理 2.4

平面上の、互いに交わらず包含関係もない、半径の相異なる3つの円 C_1, C_2, C_3 を考える。C_1 と C_2 の2本の共通外接線の交点を P_{12} とし、同様に交点 P_{23}, P_{13} を定める。このとき P_{12}, P_{23}, P_{13} は共線である。

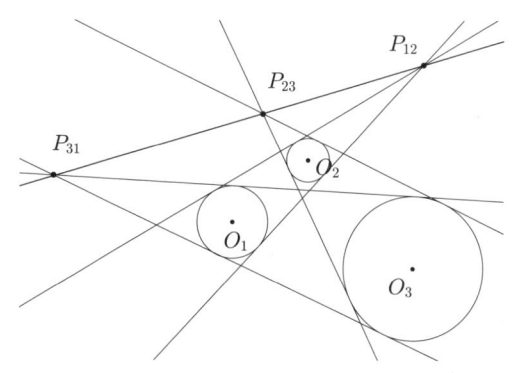

図 2-9 3円の3組の共通外接線の交点は共点

この定理の証明はもちろん初等幾何を用いて行うことができる

が、ここでは正射影を使って空間的に考えてみることにする。

C_1, C_2 の2本の共通外接線は平面を4つの領域に分割するが、C_1, C_2 の存在する領域を仮に共通外接線の内部、この領域と隣り合う2つの領域を共通外接線の外部と呼ぶことにしよう。

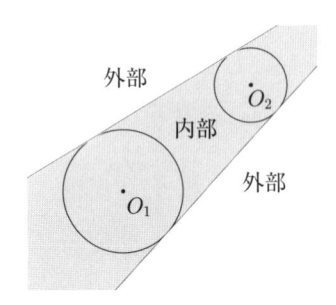

図 2-10 共通外接線の内部と外部

以下の証明では C_1, C_2 の共通外接線の外部に円 C_3 がある場合のみを考える。

[**定理2.4の証明**] まず、問題の3円が存在している平面を空間 E_3 の中の xy 平面と思うことにして、これを H で表す。円 C_1 に対応して、同じ半径をもつ球 B_1 を xy 平面 H の上に、ちょうど C_1 の中心 O_1 で接するように置く。正射影で B_1 を H に射影した像が C_1 である。同様にして、球 B_2, B_3 を H 上に配置する。

次に、もう一つの平面 K を3つの球に"上から"接するように乗せる。現実の空間内で、板 K を3つの球の上に置くという物理

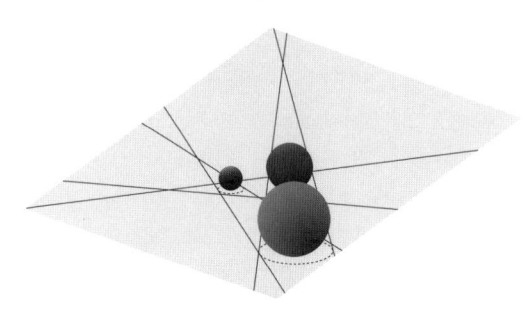

図 2-11 xy 平面上の3つの球

的状況を考えてみて欲しい。ピッタリ3つの球に接するような平面は必ず存在する。このことは数学的にはそれほど明らかとはいえないかもしれないが、物理的には明らかだろう。まず大きな2つの球に接するように板を乗せて、それから傾ける。もう一つの球に接するまで傾ければよい（このような平面 K の存在については後述する。図 2-13 参照）。

さて、平面 H と K は平行ではないから、直線で交わる。その交線を ℓ とする。問題の3点 P_{12}, P_{23}, P_{13} は ℓ 上にある、つまり共線であることを示そう。

2つの球 B_1, B_2 の中心を通る直線を対称軸に持ち B_1, B_2 に接している円錐を考えよう（図 2-13）。この円錐は平面 H, K と接しており、正射影によってちょうど C_1, C_2 の共通外接線の内部に射影される。したがって P_{12} はこの円錐の頂点である。ところが円錐の頂点は、平面 H, K のいずれにも含まれているので、その交線 ℓ 上にある。P_{23}, P_{13} についても同様である。　　　　□

この証明では、円の代わりに球、そして2本の直線の代わりに円錐が使われていることに注意して欲しい。そして、このように高次元の自由度の高いところで図形を考え、それを射影することによって証明を行うと、やはり定理が明らかに思われてくることに注意をしたい。

さて、この証明方法の難点は、証明を始める前に C_3 が C_1, C_2 の共通外接線の外部に存在すると仮定した点にあるが、もちろんこのような仮定は必要がない。この仮定を取り去るにはどうすればよいかというと、まず3球を H 上に配置して平面 K をかぶせた後、その図を斜めから眺める、つまり斜め方向に正射影するということである。もちろん正射影される平面はもはや xy 平面 H ではなく、正射影の方向と垂直な平面になる。このようにみると、どんな円の配置も可能になるのであるが、この部分はいささか難しい。

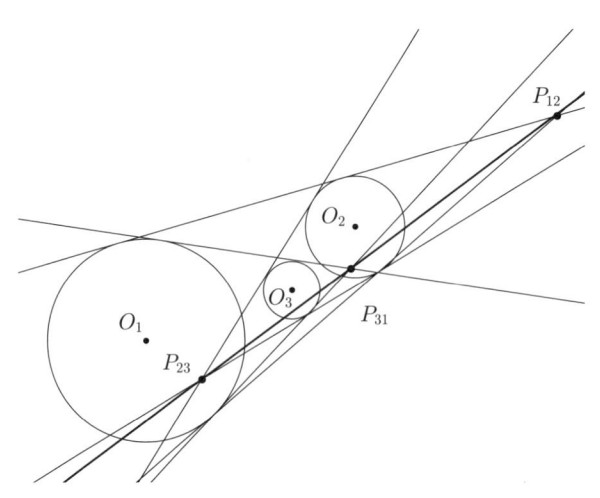

図 2-12 3 円が好ましからざる位置にある場合

また、円が交わっている場合や、包含関係のあるときに定理 2.4 をどのように述べればよいかを考えることも可能になる。ここで強調したいのは、さまざまな方向からの射影を考える必要があるということ、そして射影を用いることによって、限界と考えられていた定理の自然な拡張が得られるということである。

さて、証明中に問題となった、3 つの球に接する平面 K は存在するかという問題を数学的に考えておこう。この部分は後の議論には関係がないので、先を急ぐ読者は飛ばして読んでもかまわない。

以下、証明中の記号をそのまま用いる。円 C_3 は C_1, C_2 の共通外接線の外部にあるとした。そこで、球 B_1, B_2 の中心を通る直線を対称軸とし、B_1, B_2 が内接するような円錐を考えよう。仮定より、球 B_3 はこの円錐の外部にある。さて、円錐の母線[7]を含み、円錐と接する平面を考える。母線が変化するとこの接平面も変化するが、接平面のうち、球 B_3 と接するものが 4 つ存在する。もちろんそのうちの一つは xy 平面 H であるが、球 B_1, B_2, B_3 の中心

---

[7] 円錐の頂点と円錐上の一点を結ぶ直線を母線という。

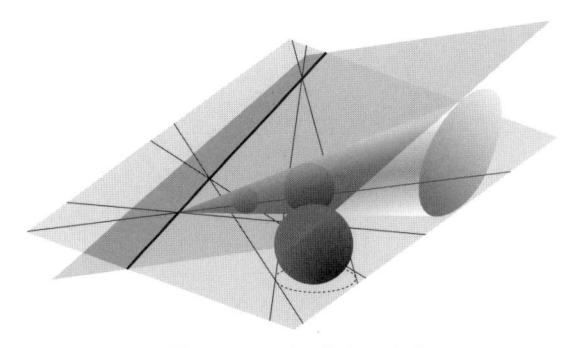

図 2-13 3 球に接する平面

が定める平面に関して H と対称な位置にあるのが K である。

2.2 点光源による射影

　前節では平行光線による射影を考えたが、我々が目にする光のほとんどは点光源から発せられた光であろう。家庭で使う電灯などは点光源のもっともありふれた例である。そこで、この節では空間内の一点 $P = {}^t(p,q,r)$ に点光源を置いて、これによって点 $A = {}^t(x,y,z) \in E_3$ を H へと投影することを考えよう。

　投影された点を $B = {}^t(x',y',0) \in H$ とすれば、3 点 P, A, B は一直線上にある。この直線上の点はパラメータ $\lambda \in \mathbb{R}$ を用いて、

$$\lambda\, {}^t(p,q,r) + (1-\lambda)\, {}^t(x,y,z)$$

と書けているが、これが B と等しいとしよう。つまり

$$ {}^t(x',y',0) = \lambda\, {}^t(p,q,r) + (1-\lambda)\, {}^t(x,y,z)$$

である。この両辺の z 座標を比較して、

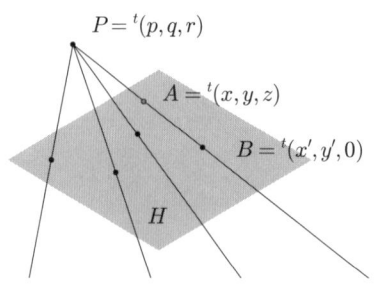

図 2-14　点光源による射影

$$0 = \lambda r + (1-\lambda)z, \qquad \lambda = \frac{z}{z-r}$$

を得る。したがって B の座標は

$$\begin{aligned}B &= {}^t(x', y', 0) \\ &= {}^t\left(x - \frac{x-p}{z-r}z, y - \frac{y-q}{z-r}z, 0\right) \\ &= {}^t\left(\frac{pz-rx}{z-r}, \frac{qz-ry}{z-r}, 0\right)\end{aligned}$$

と表される。このような射影を**点射影**あるいは単に**射影**と呼ぶ。

このとき、もし $z=r$ ならば P から発して A を通る光線は決して H と交わらないことに注意しよう（図 2-15 参照）。したがって $z \neq r$ としなければならない。これは点 A が P を通り xy 平面 H と平行な平面上にはないことを意味している。

以上をまとめて、点 $P = {}^t(p,q,r)$ を光源とする点射影は

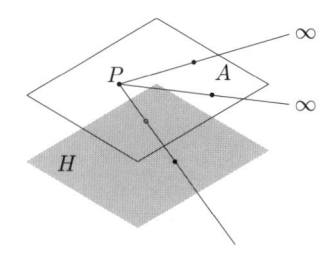

図 2-15　点射影像を持たない平面

$$\pi_P : \mathbb{R}^3 \dashrightarrow \mathbb{R}^2,$$

$$\pi_P(\begin{pmatrix} x \\ y \\ z \end{pmatrix}) = \frac{1}{z-r} \begin{pmatrix} \begin{vmatrix} p & x \\ r & z \end{vmatrix} \\ \begin{vmatrix} q & y \\ r & z \end{vmatrix} \end{pmatrix} \qquad (2.2)$$

と表されることがわかった。ただし $\dashrightarrow$ は π_P が $z = r$ のときは定義されず、$z \neq r$ のときにだけ意味を持つことを示す。

2.3 円錐曲線

円錐曲線とは、円錐を平面で切ったときに現れる切り口の図形を指す。この円錐は、斜円錐でも直円錐でも構わないが、結局すべての円錐曲線は直円錐を切ることによって得られることが証明できる。また、これらの図形は、楕円（円を含む）、双曲線、放物線になることが大昔から知られていた。円錐を切るという操作を、より現代的に射影を用いて言い表すと次の定理のようになる。

定理 2.5

円錐曲線、すなわち、楕円・放物線・双曲線は、点射影による単位円の像として得られる。

この定理の証明を点射影の式を用いて具体的に行うとかなり厄介である。代表的な場合には、あとで実際に射影を計算するので、この証明は附録にまわすことにして話を先に進めよう。

定理 2.5 は、単位円の点射影による像が、スクリーンとなる平面の取り方によって、楕円・放物線・双曲線のいずれにもなり得ることを主張しているが、これは要するに円錐（点射影による単位円を

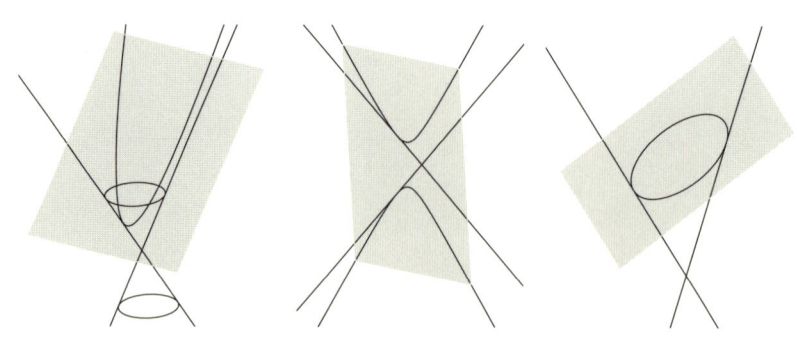

図 2-16 円錐曲線：放物線、双曲線、楕円

通る光線のなす光円錐）と平面（スクリーン）との切り口が任意の楕円・放物線・双曲線を表すという主張に他ならない。定理は直円錐の場合に、紀元前 4 世紀頃にメナイクモスによって得られた。[8] 附録では座標を用いて証明しているが、もちろん当時は初等幾何を用いて証明している。その後、ユークリッド[9]、アルキメデス[10]等による研究を経て、アポロニウスは『円錐曲線論』[11]において、任意の斜円錐の切り口がやはり楕円・双曲線・放物線のいずれかになることを述べている。

単位円を点射影によってスクリーンに投影したとき、円が楕円に写るのはよいとしても、放物線は無限の彼方へと開いた曲線であるし、双曲線に至っては 2 つの連結な成分を持つ曲線であって、円とは似ても似つかぬものであるように感じられるだろう。実際に、これらの曲線が円と同類であって、点射影によって写りあうことを納得するには、"無限遠点" という概念を導入する必要がある。無限遠点については次の節で解説するが、その前に、定理 2.5 の応用を一つ述べておこう。

---

8) Menaechmus (380BC?-320BC?).
9) Euclid of Alexandria（前 3 世紀頃）.
10) Archimedes of Syracuse (287BC-212BC).
11) 200BC 頃に成立。なお、日本語訳を礒田正美氏のホームページで読むことができる。http://math-info.criced.tsukuba.ac.jp/museum/ApolloniusConicSection/

2.3 円錐曲線

🌱 ジュルゴンヌ点

単位円の射影の応用として次の定理を示してみよう。

定理 2.6

三角形 $\triangle ABC$ に内接する楕円の接点を図のように P, Q, R とする。このとき、3本の直線 AP, BQ, CR は共点である（つまり一点で交わる）。

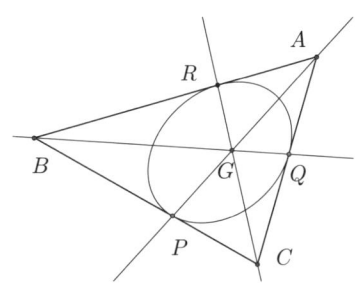

図 2-17　ジュルゴンヌ点

内接する曲線が楕円でなく円の場合に、この3本の直線が交わる点をジュルゴンヌ点と呼ぶ。[12]

[証明] 内接円の場合は、この定理は次のチェバの定理[13]に帰着する。チェバの定理の証明については後述する（§4.5 参照）。

定理 2.7　チェバの定理

三角形 ABC の3辺を延長した3本の直線 BC, CA, AB 上の A, B, C とは異なる3点をそれぞれ P, Q, R とする。このとき3本の直線 AP, BQ, CR が共点であるための必要十分条件は

---

12) Joseph Diaz Gergonne (1771-1859).
13) Giovanni Ceva (1647-1734).

$$\frac{AR}{RB} \cdot \frac{BP}{PC} \cdot \frac{CQ}{QA} = 1 \qquad (2.3)$$

が成り立つことである。

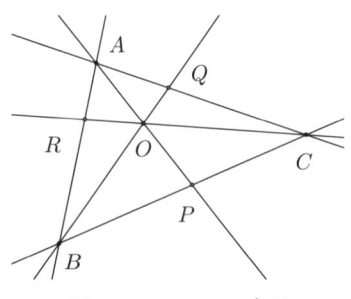

図 2-18 チェバの定理

チェバの定理というときには、通常はこの定理の半分、つまり「3直線が共点（一点 O で交わる）ならば、条件 (2.3) が成り立つ」という主張を指すが、ここでは必要十分条件の形に書いた。

さて、今考えている内接円の場合には $AQ = AR, BR = BP, CP = CQ$ であるから、

$$\frac{AR}{RB} \cdot \frac{BP}{PC} \cdot \frac{CQ}{QA} = 1$$

が成り立つ。チェバの定理（の逆）より、これは、直線 AP, BQ, CR が一点で交わることを意味する。

内接楕円の場合には、点射影を用いて内接円の場合に帰着すればよい。そのため、まず三角形 $\triangle ABC$ とその内接楕円を、空間内のある平面 H 上に考え、この楕円に点射影される単位円を考える。点射影の中心を O、単位円の載っている平面を K としよう。

三角形 $\triangle ABC$ の各辺を延長した直線と O を含む、空間内の3つの平面を考えると、これは O を頂点とし、単位円を底面とする円錐に接している（図 2-19 参照）。

この3つの接平面と K との切り口を考えると、それは単位円に

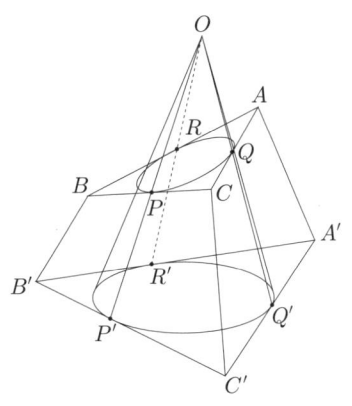

図 2-19　円錐に接する 3 枚の平面

接する 3 本の直線である。この 3 本の直線が定める三角形を $\triangle A'B'C'$ と書けば、単位円は $\triangle A'B'C'$ に内接している。その接点を P', Q', R' とおく。すると、すでに示した内接円の場合の定理より、$A'P', B'Q', C'R'$ は共点である。

点射影 $\pi: K \to H$ によって、3 点 A', B', C' は A, B, C に、P', Q', R' は P, Q, R に写るが、3 本の直線 $A'P', B'Q', C'R'$ が共点であるから直線 AP, BQ, CR も共点である。　□

この証明の重要な点は、射影によって円を楕円に写して、証明を内接円の場合に帰着するという過程にある。このようにすると定理そのものの見通しがよくなるし、実は定理の一般化さえも容易になる。というのも、点射影によって単位円に写せる図形は楕円だけではなく、放物線や双曲線も円に写すことができるからである。つまり、次の定理が成り立つということが容易に想像つくであろう。

定理 2.8

円錐曲線 X（楕円・放物線・双曲線のいずれか）を考える。X 上の 3 点 P, Q, R において接線を引き、どの二組の接線も平行でないとする。点 Q における接線と R における接線の交

点を A、R における接線と P での接線の交点を B、P での接線と Q での接線の交点を C とする。このとき、直線 AP, BQ, CR は共点である。

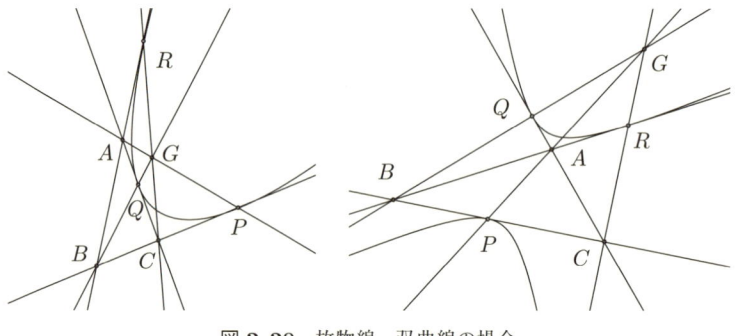

図 2-20 放物線・双曲線の場合

定理の成立を予想することはすでに述べたようにやさしい。また、実験してみれば確かにこの定理が正しいことも容易にわかるであろう。しかし、定理の厳密な証明には、円錐曲線を単位円からの点射影とみなしたとき、定理の状況が三角形に内接する単位円に帰着するということを保証する必要がある。これについては、もう少し点射影、あるいは射影変換について学んでから、再度考えることにしよう。今は、相当に複雑そうに見える定理でも、点射影によって変換することで、直感的に明らかと思えるような単純な定理に帰着できることを注意するにとどめる。

2.4　無限遠点とは？

定理 2.5 は点射影による単位円の像として円錐曲線、つまり楕円・放物線・双曲線がすべて得られることを主張している。しかし、その際、円のように切れ目のない有限の図形が、放物線のよう

に無限に広がっていたり、双曲線のように連結でないような図形に投影されるという奇妙な事態に遭遇する。この節ではなぜそのようなことが起こるのかを詳しく解説しよう。

§2.2 では、空間 E_3 内の一点 P に光源を置いて、空間内の点を xy 平面 H に投影することを考えた。点 P の座標を ${}^t(p,q,r)$ としたとき、P を光源とする点射影は式で表わすと

$$\pi_P : \mathbb{R}^3 \dashrightarrow \mathbb{R}^2,$$

$$\pi_P\left(\begin{pmatrix} x \\ y \\ z \end{pmatrix}\right) = \frac{1}{z-r} \begin{pmatrix} \begin{vmatrix} p & x \\ r & z \end{vmatrix} \\ \begin{vmatrix} q & y \\ r & z \end{vmatrix} \end{pmatrix} \quad (2.4)$$

となる。破線矢印 $\dashrightarrow$ は π_P が $z=r$ のときは定義されず、$z \neq r$ のときにだけ意味を持つことを示すが、射影 π_P が定義されないような点の集合は P を通り xy-平面と平行な平面をなすのであった（図 2-15 参照）。

問題を簡略化するため、以下 $P = {}^t(0,0,1)$ からの点射影を考えることにする。このとき、射影は

$$\pi : \mathbb{R}^3 \dashrightarrow \mathbb{R}^2, \qquad \pi({}^t(x,y,z)) = \frac{1}{1-z}(x,y) \quad (2.5)$$

と表わされており、射影できないような点の集合は平面 $z=1$ であって、これは xy 平面 H を z 軸方向に 1 だけ平行移動した平面である。この射影不可能な平面を Ω で表わすことにする。

さて、方程式 $x=1$ で表わされる平面を K とする。つまり

$$K = \{(1,y,z) \mid y,z \in \mathbb{R}\} \simeq \mathbb{R}^2$$

である。K 上の単位円を射影 π によって xy 平面 H へと射影してみよう。円の配置はいろいろあり得るが、射影不可能な平面 Ω との位置関係によって次の 3 つの場合を比較しよう。

(1) 円が Ω と交わらない場合。

(2) 円が Ω と接している場合。

(3) 円が Ω と 2 点で交わっている場合。

まず (1) の場合を考えよう。この場合は、代表的な場合として、

$$円：\quad x=1,\ y^2+(z-3)^2=1$$

を考えてよいだろう。平面 K 上の点 $(1,y,z)$ を π によって射影した H 上の点 (X,Y) を取ると、式 (2.5) により、

$$(X,Y)=\frac{1}{1-z}(1,y),\quad \therefore\quad (y,z)=\left(\frac{Y}{X},\frac{X-1}{X}\right) \quad (2.6)$$

である。これを $y^2+(z-3)^2=1$ に代入して、整理すると

$$3\left(X+\frac{2}{3}\right)^2+Y^2=\frac{1}{3}$$

となって、これは楕円を表わしている。この場合、円が楕円に射影されただけである。

つぎに (2) の場合を考えてみよう。K 上の円であって平面 Ω と接するようなものの代表として、

$$円：\quad x=1,\ y^2+z^2=1$$

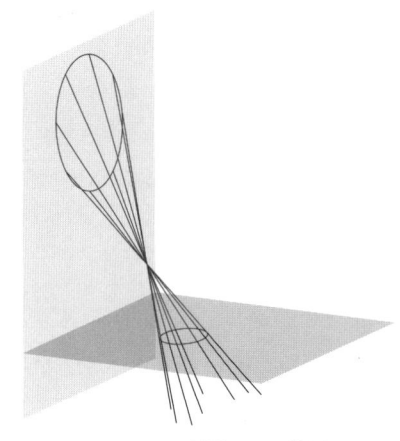

図 2-21　射影された楕円

を考える。ふたたび式 (2.6) を用いて、H 上の変数 (X,Y) が満たす方程式を求めると

$$(Y/X)^2 + ((X-1)/X)^2 = 1, \quad \therefore \quad Y^2 = 2X - 1$$

となり、最後の式はよく知られているように放物線を表わす。さて、この放物線上の点は $(X,Y) = ((t^2+1)/2, t)$ $(t \in \mathbb{R})$ とパラメータ表示されており、$t \to \pm\infty$ のとき、放物線上を無限遠方に向かって遠ざかる。このとき、K 上の点は

$$(x,y,z) = \left(1, \frac{2t}{t^2+1}, \frac{t^2-1}{t^2+1}\right) \to (1,0,1) \quad (t \to \infty)$$

となり、円と Ω との接点 ${}^t(1,0,1)$ に近づく。逆に円上の点がこの接点に近づいてゆくと、射影 π によって写った H 上の点は放物線を無限遠方に向かって遠ざかることになる。

ついでのことながら、副産物として、円 $x^2 + y^2 = 1$ のパラメータ表示が上のようにして

$$(x,y) = \left(\frac{2t}{t^2+1}, \frac{t^2-1}{t^2+1}\right) \quad (t \in \mathbb{R})$$

で得られることにも注意しておこう。ただし、このパラメータ表示では円上の一点 $(x,y) = (0,1)$ が得られず、この点を得るためには $t = \pm\infty$ を付け加える必要がある[14]。

円と射影不可能な平面 Ω との接点は次のように考えると理解しやすい。無限に広がる平面 H 上に放物線 $Y^2 = 2X - 1$ が描いてあると想像する。このとき、H の原点に塔を建て、その上に登ってみよう。塔は巨大なものだが、縮尺を適当にとって、塔の高さは 1 とする。すると、我々が上った塔のてっぺんの座標はちょうど ${}^t(0,0,1)$ で、光源を置いた点 P に一致する。ここから平面を見渡してみよう。もちろん無限の彼方は見えないが、遠くを見霽かせ

---

[14] 理想的には、パラメータ表示によって t と円上の点は一対一に対応して欲しいので $t = \pm\infty$ は一つの "無限遠点" であるとみなしたい。この考え方は以下重要になる。

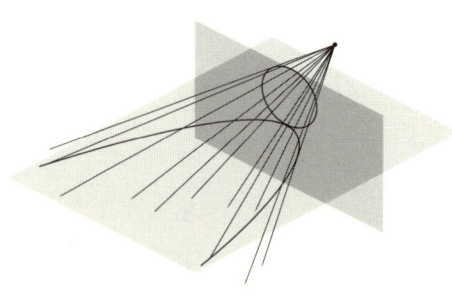

図 2-22　放物線：点が無限遠に逃げる

ば、地平線が"見える"であろう。

　さて、このときあなたが地上に描かれた放物線に目をうつすと、両方向に無限にのびているはずの放物線の 2 つの腕は無限の彼方で邂逅し、ちょうど地平線に接するのである！　そして、地上に描かれた放物線はちょうどあなたの目の"錯覚"により一点欠けた点が地平線上に追加されて、ちょうど単位円に見えるに違いない。

　この地平線に相当するのが、平面 Ω と K との交線 ℓ である。というのも、ちょうど平面 K は我々の目の前に立つスクリーンの役割をしており、H 上の点は視線によって K 上の点と対応している。これは光線によって K 上の点を H 上に射影するのとはちょうど逆の対応になっている。Ω は H と平行であり、ちょうど我々の目の高さにあるから、この目の高さの位置に地平線がやってくるわけである。したがって地平線は $\ell = K \cap \Omega$ で与えられることになる。

　地平線 ℓ に相当する点は H 上にはないが、H 上の点が無限の彼方に遠ざかると、平面 K 上では、その遠ざかる軌跡は直線 ℓ に近づいてゆく。その意味で、視線によって、スクリーン K 上に H を引き戻したとき、直線 ℓ は H の無限遠方の点の集まりとみなすことができる。そこで、この直線 ℓ を**無限遠直線**、ℓ 上の点を**無限遠点**と呼ぶことにする。また、無限遠点ではない H 上の点を**有限点**とか**通常点**と呼ぼう。

2.4 無限遠点とは？

平面 K 上に H の無限遠直線 ℓ があり、H 上の有限点と K の ℓ 以外の点は対応しているので、K は H と無限遠点全部が合わさった都合のよい平面のように思えるであろう。しかし実はそうではない。

実際、H 上で y 軸、つまり $x=0$ という直線 m を考えると、直線 m 上の点は K の点とは対応していないことがわかる。つまり K には H の無限遠直線が付け加わったのだが、H 上の"有限"直線 m が欠けている。平面を考えている限り、このようなトレードオフは必ず起こり、決して埋め合わせはできない。理想の人生なんてどこにもないのと同じである[15]。

この無限遠点の話は後でもう一度議論することにして、最後の場合 (3)、つまり円が Ω と二点で交わっている場合を考えてみよう。平面 K 上の円

$$\text{円：} \quad x=1, \ y^2+(z-1)^2=1 \tag{2.7}$$

を考える。この円は $\Omega : z=1$ と 2 点 $(x,y,z)=(1,\pm 1,1)$ で交わっている。

この円の方程式に関係式 (2.6)

$$(y,z) = (Y/X, (X-1)/X) \tag{2.8}$$

を代入して整理すると、

$$\text{双曲線：} \quad X^2 - Y^2 = 1$$

が得られる。この式は $(X-Y)(X+Y)=1$ と因数分解できるが、これは $x=X-Y, y=X+Y$ と変数変換して考えれば $xy=1$ に他ならない。曲線 $xy=1$ は $y=\dfrac{1}{x}$ と反比例の形に書けるので、よく知られているように直角双曲線である。曲線 $X^2-Y^2=1$ は直

---

[15] いや、もしかしたらあるのかも知れないが...

角双曲線 $xy = 1$ を原点の回りに $-\pi/4$ だけ回転し、$1/\sqrt{2}$ 倍に縮小したものである。この双曲線 $X^2 - Y^2 = 1$ の $X < 0$ の部分を分枝 I と書き、双曲線の $X > 0$ の部分を分枝 II と書き表わすことにする。

少し計算してみればわかるが、円 (2.7) の Ω によって切り分けられた 2 つの半円のうち上部は、双曲線の分枝 I に写り、下部の半円は、分枝 II に写る。残った Ω との 2 つの交点は、射影 π では H に写らず、やはり地平線上の点、無限遠点に写ることになる。これを確認してみよう。

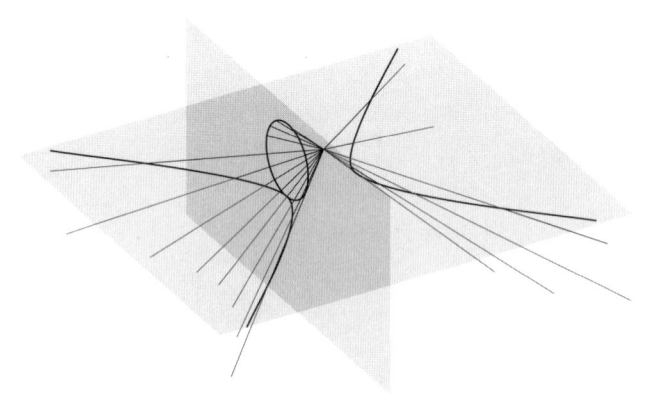

図 2-23 双曲線の射影：2 つの分枝

双曲線には便利なパラメータ表示がある。まずそれを紹介しておこう。指数関数 e^t を用いて

$$\cosh t = \frac{e^t + e^{-t}}{2}, \quad \sinh t = \frac{e^t - e^{-t}}{2}$$

とおき、これらの関数および

$$\tanh x = \sinh x / \cosh x$$

を**双曲線関数**と呼ぶ。双曲線関数のグラフは、図 2-24 および図 2-25 のようになっている。

双曲線関数は通常の三角関数に似たさまざまな公式を満足する

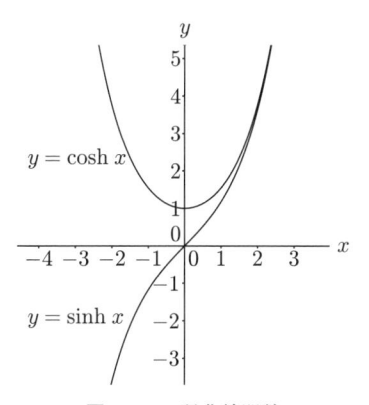

図 2-24 双曲線関数

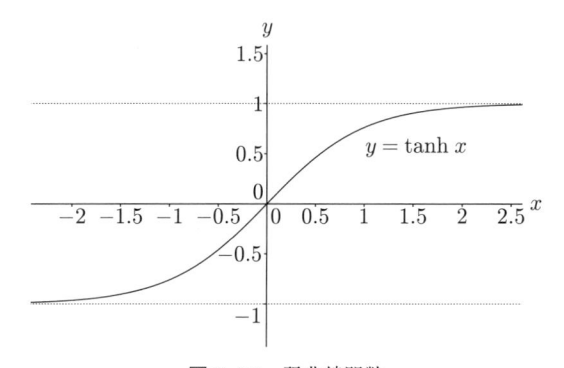

図 2-25 双曲線関数

が、とくに重要なのが次の公式である。

$$\cosh^2 t - \sinh^2 t = 1$$

ただし $\cosh^2 t = (\cosh t)^2$ などと書いた。この式を $X^2 - Y^2 = 1$ と比較してみればわかるように、ちょうど $(X,Y) = (\cosh t, \sinh t)$ とおくと、このようにパラメータ表示された点が双曲線上にあることを意味している。もう少し詳しく言うと、双曲線上の点のうち分枝 I は双曲線関数を用いて

分枝 I : $(\cosh t, \sinh t)$ $(t \in \mathbb{R} : パラメータ)$

と表示される。もう一方の分枝は

$$\text{分枝 II}: \quad (-\cosh t, \sinh t) \quad (t \in \mathbb{R}: \text{パラメータ})$$

と書けている。このようにパラメータ表示された双曲線上の点を式 (2.8) によって平面 K 上に引き戻すと、$x = 1$ かつ

$$(y, z - 1) = (Y/X, (X-1)/X - 1)$$
$$= (\sinh t / \cosh t, -1/\cosh t)$$
$$= (\tanh t, -1/\cosh t)$$

である。(y, z) は平面 K の円上にあるはずだが、$z - 1 = -1/\cosh t < 0$ だから、この点は Ω の下側にある半円である。

同様にして $(-\cosh t, \sinh t)$ を射影によって K 上に引き戻せば、上半分の半円が得られる。これで、円 $y^2 + (z-1)^2 = 1$ のうち、平面 Ω より上の半円は双曲線の分枝 I に、Ω より下の半円は双曲線の分枝 II に射影されることがわかった。

このような射影を使うと双曲線のパラメータ表示から円の新たなパラメータ表示を得ることができる。それを演習問題にしよう。

演習 2.9 単位円のパラメータ表示として $(\tanh t, -1/\cosh t)$ および $(-\tanh t, 1/\cosh t)$ が取れることを示せ。最初の表示は x 軸より下の半円を、2 番目の表示は x 軸より上の半円を表わす。

双曲線は 2 本の漸近線を持っているが $X^2 - Y^2 = 1$ の場合は漸近線は $Y = \pm X$ である。分枝上の点がこの漸近線の方向に平面 H 上で無限遠方に遠ざかるとき、平面 K 上ではこの点は円と Ω の 2 つの交点のうち一方に近づいてゆく。これを実際に計算してみよう。

$$(x, y, z - 1) = (1, \pm \tanh t, \mp 1/\cosh t) \to (1, 1, 0) \quad (t \to \pm \infty)$$

だから、漸近線 $Y = X$ に近づく分枝上の点は平面 K 上では $(1, 1, 1)$ に近づいてゆく。この点が無限遠点である。同様に

$$(x, y, z - 1) = (1, \pm\tanh t, \mp 1/\cosh t) \to (1, -1, 0) \qquad (t \to \mp\infty)$$

だから、漸近線 $Y = -X$ に近づく分枝上の点は平面 K 上では、無限遠点 $(1, -1, 1)$ に近づく。このようにして、双曲線上の点が分枝 I 上を無限遠に向かって漸近線 $Y = X$ に近づいてゆくと、この点は無限遠点を通過し、分枝 II の漸近線 $Y = X$ に沿って現れる。そこから分枝 II に沿って点が動き、ふたたび無限遠に向かって今度は漸近線 $Y = -X$ に近づき、無限遠点を通過し分枝 I の漸近線 $Y = -X$ の近くに現れる。このようにして、双曲線は無限遠点でつながって円となるのである。

🍀 平行直線と無限遠点

点射影 $\pi : (x, y, z) \to (X, Y) = \dfrac{1}{1-z}(x, y)$ によって平面 H 上の直線 $Y = mX + k$ を引き戻すとどうなるか考えてみよう。直線の方程式に上の点射影の式を代入して

$$\frac{y}{1-z} = m\frac{x}{1-z} + k, \quad y = mx + k(1-z).$$

平面 K 上では $x = 1$ であるから、上の式に代入して K 上の直線の方程式

$$y + kz = m + k \qquad (\text{変数は } y, z)$$

を得る。この直線と平面 $\Omega : z = 1$ との交点では $y = m$ である。したがって直線 $Y = mX + k$ は平面 K に引き戻すと無限遠点 $(1, m, 1)$ を通ることがわかる。この表示からわかるように、直線 $Y = mX + k$ に対して、その無限遠点は k に関係なく、直線の傾き m のみによって決まる。したがって、平行な直線はすべて同じ

無限遠点を通る！　つまり、次の定理が証明された。

定理 2.10

平面上の平行な 2 直線は無限遠点で交わる。

上の定理を単なる座標変換ではなく、直線上の点がどのように無限遠点に近づくのかパラメータ表示によって再度確かめておこう。まず直線 $Y = mX + k$ のパラメータ表示を

$$(X, Y) = (t, mt + k) \quad (t \in \mathbb{R} : \text{パラメータ})$$

とする。これを点射影で平面 K に引き戻すと、

$$(1, y, z) = \left(1, \frac{Y}{X}, \frac{X-1}{X}\right)$$
$$= \left(1, \frac{mt+k}{t}, \frac{t-1}{t}\right) \to (1, m, 1) \quad (t \to \pm\infty)$$

となり、直線上を無限遠点に向かって遠ざかるとき、どちらの方向へ動いても、同じ無限遠点 $(1, m, 1)$ に辿りつくことがわかる。

さて、平行な直線は無限遠点で交わることがわかったが、一方、通常の意味で交わる 2 直線は傾き m が互いに異なるので、上の計算によると無限遠点で交わることはない。したがって、どのような 2 直線を選んでも、通常の意味で交わる（有限点で交わる）か、あるいは無限遠点で交わるかのどちらかであることになる。

定理 2.11

平面上の相異なる 2 直線はただ一点で交わる。2 直線が平行でなければ、その交点は有限点であり、平行であれば交点は無限遠点である。

2.5　無限遠点を使う

次の章からは、無限遠点や無限遠直線、あるいは無限遠平面などを含む幾何学の体系について考えていくが、この章を終えるにあたって、無限遠点をどのように使うのかについて例をあげておこう。

無限遠点、無限遠直線は通常の意味では"目に見えない彼方にある"から、通常世界の定理にはなんら役に立たないと思われるかもしれない。もちろん通常世界の定理は、無限遠点を用いなくても証明可能なはずであるから、その意味では無限遠点は必要がない。しかし、通常のユークリッド幾何学の定理であっても無限遠点を用いることによって著しく記述が簡略化されたり、見通しがよくなったりするのである。

また証明についても無限遠点を使うことで見通し良く簡単になる場合がある。

応用：デザルグの定理

最初の例としてデザルグの定理 2.2 を再考してみよう。次に掲げるのが、無限遠点を意識して述べられたデザルグの定理である。

定理 2.12　デザルグの定理：無限遠版

$\triangle ABC$ と $\triangle A'B'C'$ において、3 直線 AA', BB', CC' が共点ならば交点 $AB \cap A'B', BC \cap B'C', CA \cap C'A'$ は共線である。

定理 2.2 と比較して目新しい部分はないように思われるが、いくつかの重要な変更点がある。まず、無限遠点を用いることで定理がどのように変わったかを述べよう。

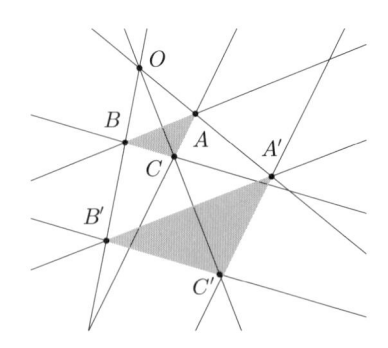

図 2-26　2 組が平行ならば、残りの 1 組も平行

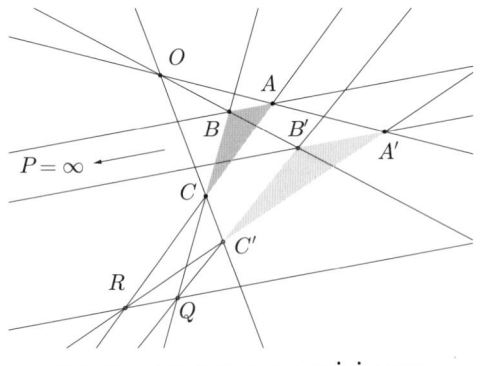

図 2-27　$AB \parallel A'B'$ の 1 組のみが平行

(1) 元の定理では、対応する辺の交点、例えば $AB \cap A'B'$ が存在すると仮定されていたが、定理 2.12 では何も仮定されていない。これは、もし $AB \parallel A'B'$ ならばその交点を無限遠点と考えよということである。

実際、例えば 3 組の直線群がすべて平行の場合、つまり

$$AB \parallel A'B', \quad BC \parallel B'C', \quad CA \parallel C'A'$$

のときには、3 交点ともすべて無限遠点であるから、これらの 3 点は無限遠直線を共線に持つことになる。したがって『これらの直線の組のうち 2 組が平行ならば、残りの 1 組もまた平行である』というのが定理の主張になる。

また、例えば、もし $AB \parallel A'B'$ の 1 組のみが平行であれば、交点 $Q = BC \cap B'C'$ と $R = CA \cap C'A'$ を通る直線は、AB と $A'B'$ の交点である無限遠点 P を通らなければならない。これは、直線 QR と直線 AB（そして $A'B'$）が平行であることを意味している（図 2-27）。

このように定理の主張は、さまざまな場合に対応している。無限遠点を使わなければ、いちいち平行性について別の議論が必要となるであろう。

（2）3 直線 AA', BB', CC' が共点という仮定がなされているが、この共点は無限遠点でもよい。もしこの 3 直線が無限遠点を共点に持てば、それは『3 直線が平行であれば』という仮定に対応している。この場合にでもデザルグの定理は正しいのである（図 2-28）。

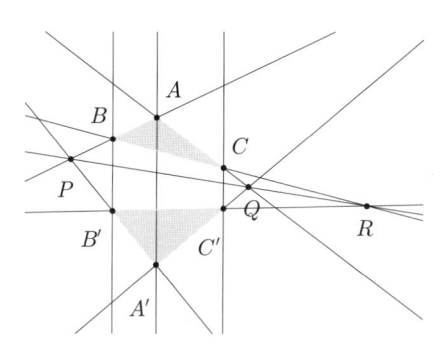

図 2-28　3 直線 AA', BB', CC' が平行

さて、定理が無限遠点を用いることでどのように変わったかを理解できたことと思う。確かに場合分けは減り、定理の主張は簡単になった。大いに評価すべきことであるが、実は無限遠点を用いる真のご利益は定理の証明にこそあるのである。これを説明しよう。

簡単のために、無限遠点を含まない通常の定理 2.2 の状況で考えよう。

まず、交点 $P = AB \cap A'B'$ と、交点 $Q = BC \cap B'C'$ を共に無限遠点に飛ばしてしまおう。それには、この定理の三角形たちを平面

K 上に配置して、交点 P, Q を無限遠直線上に置く。適当に図形を回転するなどして、問題の三角形は無限遠直線とは交わらないように工夫する。そのあと、K 上の図形を点射影によって平面 H に射影する。

このようにすると、問題の3つの交点 $P, Q, R = CA \cap C'A'$ が共線であるという関係は、R が無限遠直線上にあるという関係に言い換えられる。つまり、定理の主張は『$AB \parallel A'B'$ および $BC \parallel B'C'$ であるとき、$CA \parallel C'A'$ である』となり、これを証明すればよい（図 2-26）。この証明は、例えば中点連結定理（の類似）を用いれば簡単である。

演習 2.13 定理において、3直線 AA', BB', CC' が共点であるから、この交点 O と $P = AB \cap A'B'$ を無限遠点に飛ばしてしまうと、定理はどのような主張になるか？ また、その証明は元の定理に比べてどれくらい簡単だろうか？

[答. 定理の三角形たちを平面 K 上に配置して、O, P を無限遠直線上に置く。適当に図形を回転するなどして、問題の三角形は無限遠直線とは交わらないように工夫する。そのあと、K 上の図形を点射影によって平面 H に射影する。

このようにすることで3直線 AA', BB', CC' は平行かつ、$AB \parallel A'B'$ の場合に帰着できる。

この状況の下で、定理は、$Q = BC \cap B'C'$ と $R = CA \cap C'A'$ を結ぶ直線が AB と平行である、という主張になる。証明はやはり中点連結定理を用いれば容易である。]

応用：パップスの定理

定理 2.14

平面上に 2 直線 ℓ_1, ℓ_2 があり、各直線 ℓ_i $(i = 1, 2)$ 上に 3 点 A_i, B_i, C_i を取る。このとき、次の直線の交点

$$P_1 = A_1B_2 \cap A_2B_1, \ P_2 = B_1C_2 \cap B_2C_1, \ P_3 = C_1A_2 \cap C_2A_1$$

は共線である。

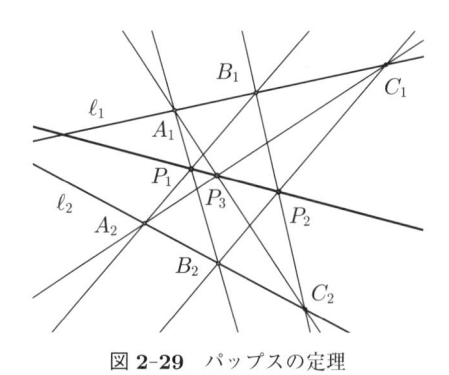

図 2-29 パップスの定理

この定理の主張における交点 P_1, P_2, P_3 が無限遠点の場合にも定理は正しい。そこで、それを利用して定理の証明を考えてみよう。

証明のアイディア：2 つの交点 P_1, P_2 を点射影によって無限遠点に飛ばす。

このようにすると、定理は

(1) $A_1B_2 \parallel A_2B_1$ かつ

(2) $B_1C_2 \parallel B_2C_1$

の仮定のもとに、$C_1A_2 \parallel C_2A_1$ を示せばよいことになる。これは三角形の相似を用いて容易に示すことができる。簡単に証明を書いておくので、細部は読者の方にお任せしよう。

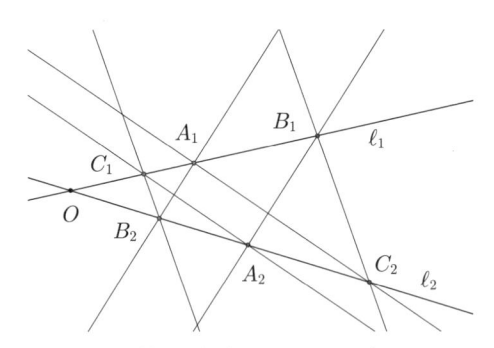

図 2-30　特別な場合のパップスの定理その 1

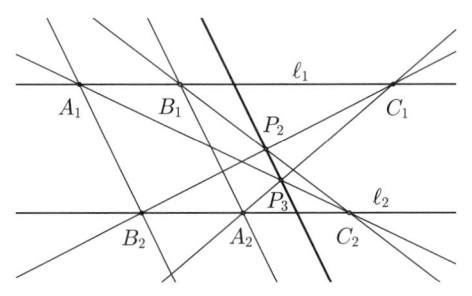

図 2-31　特別な場合のパップスの定理その 2

$$\begin{cases} OC_1 : OB_1 = OB_2 : OC_2 \\ OA_1 : OB_1 = OB_2 : OA_2 \end{cases}$$
$$\implies OC_1 \cdot OC_2 = OB_1 \cdot OB_2 = OA_1 \cdot OA_2$$
$$\therefore \quad OC_1 : OA_1 = OA_2 : OC_2$$
$$\therefore \quad C_1 A_2 \parallel A_1 C_2$$

演習 2.15　2 直線 ℓ_1, ℓ_2 の交点 O と P_1 を点射影によって無限遠点に飛ばすと、定理の主張はどうなるだろうか？　この場合、初等的で簡単な証明はあるだろうか？

[答. O と P_1 を点射影によって無限遠点に飛ばすと、定理の仮定は
(1) $\ell_1 \parallel \ell_2$ で、かつ
(2) $A_1B_2 \parallel A_2B_1$
となる。定理の結論は、この仮定の下で、直線 P_2P_3 と A_1B_2 が平行であることを主張する。

　初等的で簡単な証明は思いつかない。どなたかのご教示を乞う。]

第 3 章

実射影平面

　第 2 章で導入したように、ある種の幾何学の問題を考える際には、有限の点だけでなく、無限遠点と呼ばれる、無限遠方に存在するはずの点を平面に付け加えて考えると便利である。このように無限遠点を付け加えてできる平面を射影平面と呼ぶ。この章では、射影平面上の幾何学について解説しよう。

通常の xy 平面に無限遠点を付け加えた平面を射影平面と呼ぶ。射影平面上でも、有限の平面の場合とまったく同じように、さまざまな図形とその性質を調べることが出来る。そのなかでも、射影幾何学の定理と呼ぶべき一群の定理がある。例えばデザルグの定理や、パップスの定理がそのような定理の代表例である。これらの定理では、点射影や平行射影によって図形を変換しても定理の形が変わらない。

一方において、例えば円周角の定理（同じ長さの弧の上に立つ円周角は等しい）などは、円が射影によって他の円錐曲線になってしまったり、あるいは角度が著しく変わってしまうために、射影によって変換すると定理の主張自体が無意味になる。そのような場合には、たとえ無限遠点を付け加えても、射影によって有限点を無限遠点に飛ばしたり、あるいは無限遠点を有限の世界に引き戻したりすることは、定理の証明や成立に役に立たなくなってしまう。

この章では、おぼろげに見えかけてきた射影幾何を理論的に定式化することを試みる。まず、無限遠点を通常平面に付け加えて、射影平面を構成しよう。第2章と違って、無限遠直線を特別扱いしないように射影平面を構成したい。別の言葉でいえば、ごく普通の直線も見方によっては無限遠直線になり、その逆もまた然りとなるように構成する。したがって、無限遠点はもはや特別な点ではなく、有限の点と区別がなくなってしまうであろう。

射影平面を構成した後、射影平面を使ってどのような種類の幾何学を考えることができるのかを紹介しよう。それには点射影や平行射影を一般化した、射影変換・アフィン変換が重要になる。このような変換を導入した後、射影幾何学やアフィン幾何学とは何か、それをどう使えばよいかを考えてみよう。

3.1 実射影平面

第2章とは設定や記号が少々異なるが、この章では点光源を3次元空間 E_3 の原点 $O(0,0,0)$ に取ることにする。空間内の点 $\boldsymbol{x} = (x,y,z) \in E_3$ と原点を結ぶ直線

$$\ell_{\boldsymbol{x}} = \{t\boldsymbol{x} \mid t \in \mathbb{R}\}$$

を考えると、$\ell_{\boldsymbol{x}}$ と空間内の平面 K との交点が、ちょうど原点 O から平面 K への射影 π を与える。

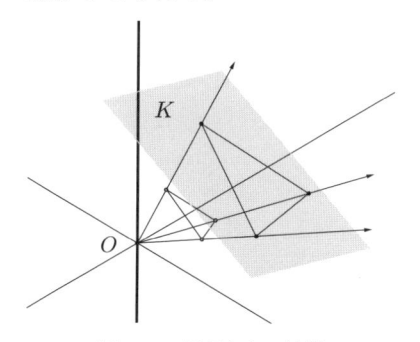

図 3-1 原点からの射影

以下、3本の軸にあわせて、3つの平面

$$H_x : x = 1, \quad H_y : y = 1, \quad H_z : z = 1$$

を考えよう。例えば $H_z = \{(x,y,1) \mid x,y \in \mathbb{R}\}$ は、xy 平面を z 軸の正の方向へ1だけ平行移動した平面である。このように3つの平面を用意すると、原点と $\boldsymbol{x} \neq 0$ をむすぶ直線 $\ell_{\boldsymbol{x}}$ は3つのうちいずれかの平面と必ず交わる[1]。例えば、点 $\boldsymbol{v} = (3,2,0)$ を考えると、$\ell_{\boldsymbol{v}}$ は xy 平面上の直線なので H_z とは交わらないが、H_x とは $(1,2/3,0)$ で、H_y とは $(3/2,1,0)$ で交わっている。光源から

---
[1] $\boldsymbol{x} \neq 0$ は $\boldsymbol{x}$ がゼロベクトルではないことを表わす。ゼロベクトルを $^t(0,0,0)$ と書いたり、あるいは単に 0 とだけ書くこともあるが、混乱はおきないであろう。

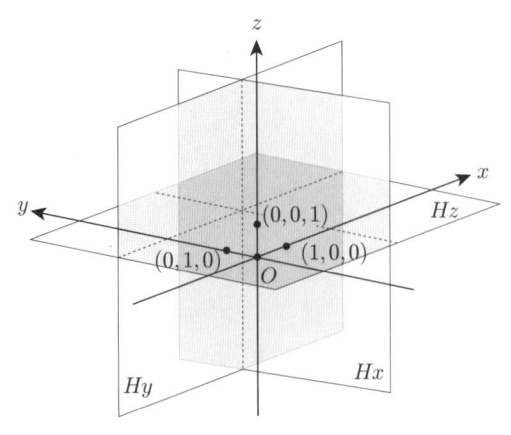

図 3-2　3 つの平面 H_x, H_y, H_z

発して、点 v を通る光線 ℓ_v は H_z と交わらないので、このような点は平面 H_z の無限遠点を表わしていると思うことができる。しかし、H_z にとっての無限遠点は平面 H_x や H_y では通常の点となっている。

一般に H_z にとっての無限遠点は射影 $\pi : E_3 \dashrightarrow H_z$ によって H_z に射影できない点によって代表されるのであった。したがって、このような点は xy 平面上の点 $v = (a, b, 0)$ によって表わされている。このとき、無限遠点 v は、もし $a \neq 0$ なら H_x 上に射影されるし、$b \neq 0$ なら H_y に射影される。したがって、原点とは異なる、H_z にとっての無限遠点はかならず H_x または H_y に射影されることに注意しよう。

このような考察を踏まえた上で、平面に無限遠点を付け加えた、一般化された"平面"を次のように定義しよう。

定義 3.1

E_3 内の 3 つの平面 H_x, H_y, H_z 上の点をすべて考え、これらの点のうち、原点からの射影 π によって写りあう点を同じ点とみなしたものを**実射影平面**と呼ぶ。実射影平面を $\mathbb{P}^2(\mathbb{R})$ で

表わす。

例えば、H_z 上の点 $(3, -2, 1)$ は $\pi : E_3 \dashrightarrow H_x$ によって

$$\pi(3, -2, 1) = (1, -2/3, 1/3) \in H_x$$

に射影されるから、H_x 上の点 $(1, -2/3, 1/3)$ と "同じ点" であるとみなされる。このようなとき、点 $(3, -2, 1)$ と $(1, -2/3, 1/3)$ は射影 π によって同一視されるという。同様にして、この点は H_y 上の $(-3/2, 1, -1/2)$ とも同一視される。

別の言い方をすれば、空間 E_3 の原点以外の点を平面 H_x, H_y, H_z に π によって射影したとき、その射影された3点を同一視するということである。ただ、厄介なことにいつでも3点に射影されるわけではなく、もしかするとそのうち2つの平面にしか射影できないかもしれないし、たった一つの平面だけに射影されるのかもしれない。いつも同一視されるべき点が3つあるというわけではない。

演習 3.2 $\boldsymbol{x} = (x, y, z)$ が3つの平面すべてに射影可能であるための必要十分条件は、$xyz \neq 0$ であることを示せ。また、H_x のみに射影可能で、H_y, H_z には射影不可能な点はどのように表されるか？

[答. 平面 H_x に射影可能であるための必要十分条件は x 座標がゼロでないことである。従って H_x のみに射影可能で H_y, H_z には射影不可能な点は $^t(x, 0, 0)$ の形をしている。このような点は射影平面上では H_x 上の一点 $^t(1, 0, 0)$ のみである。]

このように H_x, H_y, H_z 上の異なる点が射影 π で同一視されるのは、これらの点が原点を通る同一直線上に並んでいる場合であるということに読者は気がつかれたであろう。これは同一視すべき点が3点であろうが2点であろうが関係がない。そのような点をすべて "同じ点" とみなすのであるから、射影平面というのは空間 E_3 内

の原点を通る直線を一つの点とみなしたものに他ならない。原点を通る直線は xy 平面上になければ必ず H_z とただ一点で交わるので、それらは H_z 上の点と同一視できるのである。

さらに考えてみると、原点を通る直線というのは、要するに原点を点光源として発した光が通る筋道のことであるから、3つの平面 H_x, H_y, H_z をわざわざ考えないでも、射影 π によって写りあう (原点以外の) 空間内の点をすべて同一視してできたものが射影平面 $\mathbb{P}^2(\mathbb{R})$ である、と言ってもよいであろう。2つの点 $\boldsymbol{v} = (v_1, v_2, v_3)$ と $\boldsymbol{u} = (u_1, u_2, u_3)$ が射影 π で写りあうのは、数式で表わせば、あるゼロでない実数 $\lambda \in \mathbb{R}$ があって

$$\boldsymbol{v} = \lambda \boldsymbol{u}, \quad \text{つまり} \quad (v_1, v_2, v_3) = (\lambda u_1, \lambda u_2, \lambda u_3)$$

となるということである。このようなとき、連比 $[v_1 : v_2 : v_3]$ と $[u_1 : u_2 : u_3]$ は等しいと言い、

$$[v_1 : v_2 : v_3] = [u_1 : u_2 : u_3] \quad \text{または} \quad [\boldsymbol{v}] = [\boldsymbol{u}]$$

と表わす。

以上見てきたように、射影平面 $\mathbb{P}^2(\mathbb{R})$ には3通りの見方がある。それをまとめておこう。

まとめ 3.3

射影平面 $\mathbb{P}^2(\mathbb{R})$ は次の3通りの捉え方ができる。

(1) 平面 $H_x : x = 1, H_y : y = 1, H_z : z = 1$ を同一視によって張り合わせたもの。同一視は原点中心の射影 π によって2点が写りあうときに行う。

(2) 空間 E_3 内の原点を通る直線一本一本を1つの点とみなしたもの。つまり原点を通る直線の全体。

(3) 空間内の原点を除いた点を射影 π によって同一視したもの。つまり連比 $[x : y : z]$ の全体。

これらの見方にはどれも一長一短がある。最初の定義（1）がもともと我々が考えていたもので、これは平面上の幾何学と無限遠点という関係に端を発しており、通常平面上の幾何学との関連を見るには便利であろう。しかし、一方で（2）や（3）のように考えると、"無限遠点"という概念自体が無意味で射影平面 $\mathbb{P}^2(\mathbb{R})$ 上の点がどれもみな通常点であると同時に無限遠点であることに気づかされるであろう。また、（2）の考え方は幾何学的な考察に便利で、（3）は座標表示を用いて考えるのに便利である。

どの考え方もそれだけでは不十分であり、どれも射影平面のある側面だけを取り出して考えたものにすぎない。数学とはそのようなものである。ある根源的な対象があり、それは様々な方向から、さまざまな色や形に見える。もしかすると、そのほんの一部分が見えているだけかもしれない。そしてそのような見方は、どれもある意味で正しく、整合性はとれている。しかし、一つづつ別々の側面を考えているだけでは極めて不十分で、よい数学はできない。根源的な事象そのものに迫り、その中心部分から四方八方を見渡すことができるようになることが望ましいと思う。

と、偉そうなことは書いたが、筆者にしてみてもようやく五方が見えてきたくらいで、まだまだ八方が自由自在に見渡せるわけでもない[2]。諸君がもっとすばらしい景色を見渡すことができるようになることを期待する。

---

[2] ここに紹介した 3 つの見方以外にリー群 $GL_3(\mathbb{R})$ の等質空間や、直交群 $SO_3(\mathbb{R})$ の等質空間、球面の対蹠点を同一視した多様体、あるいは群 $\mathbb{R}^\times$ のスカラー倍作用による $\mathbb{R}^3$ の商空間と見るなど射影平面には多数の見方がある。このうち球を用いたモデル以外は本書では少し手に余るが、数学の力がついていくに従っていろいろなものが見えてくるという好例である。

演習 3.4 3次元空間内の原点を通る直線の全体をどのように視覚化すればよいかを考えてみよう。まず原点を中心とする半径1の球面（単位球面）を考える。原点を通る直線はこの単位球面と2点で交わっているが、これはちょうど直径の両端である。このような2点を対蹠点と呼ぶ（図 3-3 参照）。し

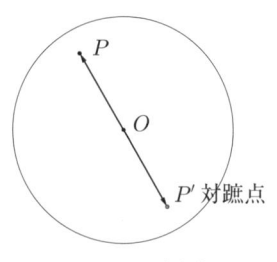

図 3-3 対蹠点

たがって、原点を通る直線の全体は単位球面上の対蹠点を同一視することによって得られる。

(1) 単位球面上の赤道を中心線とする幅の狭い帯を考えよう。この帯において対蹠点を同一視するとメビウスの帯[3]が得られることを示せ。

(2) 得られたメビウスの帯の周に沿って切り取った単位球面の上部のお椀の部分（円板と同一視できる）を貼付けると射影平面になることを示せ。

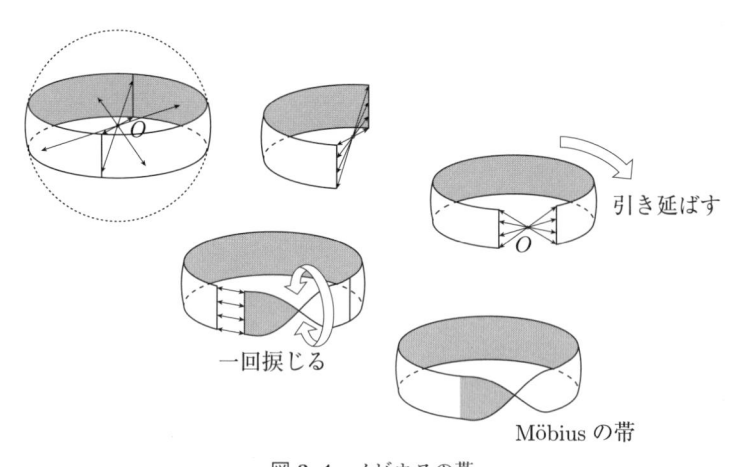

図 3-4 メビウスの帯

---

3) Möbius, August Ferdinand (1790-1868).

3.2 射影直線と二次曲線

射影平面上の図形を扱うには、連比を用いて座標表示を考えるのが便利である。射影平面 $\mathbb{P}^2(\mathbb{R})$ 上の点は連比 $[x:y:z]$ で表わされるのであった。ただし、実数 $\lambda \neq 0$ に対して、

$$[x:y:z] = [\lambda x : \lambda y : \lambda z] \tag{3.1}$$

とみなす。実数 x, y, z を決めれば、射影平面上の点 $[x:y:z]$ が決まるが、射影平面上の点に対して x, y, z がただ一つに定まるわけではなく定数倍の不定性がある。しかし、この x, y, z をあたかも座標であるかのように考えて、点 $[x:y:z]$ の**斉次座標**と呼ぶ。時として、連比そのものを斉次座標と呼ぶこともある。

このとき、もし $z \neq 0$ なら、$\lambda = 1/z$ と取ることにより

$$[x:y:z] = \left[\frac{x}{z} : \frac{y}{z} : 1\right] = [X:Y:1] \qquad \left(X = \frac{x}{z},\ Y = \frac{y}{z}\right)$$

であるが、これは自然に平面 $H_z : z = 1$ 上の点 $(X, Y, 1)$ とみなすことができるので、座標 (X, Y) を持つようなユークリッド平面上の点 (有限点) と同一視しよう。そうすると、無限遠点にあたるのは $z = 0$ の場合であって、これは連比 $[x:y:0]$ で表わされる。ただし x, y のいずれかはゼロではない。

$$\begin{aligned}
\mathbb{P}^2(\mathbb{R}) &= \{[X:Y:1] \mid (X, Y) \in \mathbb{R}^2\} \\
&\quad \cup \{[x:y:0] \mid (x, y) \neq (0, 0)\} \\
&= \mathbb{R}^2 \cup \{[x:y:0] \mid (x, y) \neq (0, 0)\}
\end{aligned} \tag{3.2}$$

実射影直線

ここで、射影平面より次元が一つ低い、実射影直線を考えておこ

う。射影直線はもちろん実数 $\mathbb{R}$ に無限遠点を付け加えたものである。素朴に考えると $\mathbb{R}$ には正の方向と負の方向で 2 つの無限遠に向かう方向があるから、2 つの無限点 $\pm\infty$ を付け加えるのが正しいように思える。実際、このような考え方が有効な場合もあるのだが、我々はそのアプローチを取らない。結果として付け加わる無限遠点はただ一点である。これを以下説明しよう。

平面の場合と同様に点射影を考えることにより、実射影直線の無限遠点の所在を明らかにすることもできるが、それは既に平面の場合に道筋をつけておいたので読者の諸君におまかせする。我々の用いる道具は、導入したばかりの連比と斉次座標である。

射影平面の場合は 3 つの実数の連比を考えたわけであるから、射影直線では 2 つの実数 x, y の連比 $[x:y]$ を考えればよい。ただし、ここで x, y は同時にはゼロにならないものとする。つまり

$$\mathbb{P}^1(\mathbb{R}) = \{[x:y] \mid (x,y) \in \mathbb{R}^2,\ (x,y) \neq (0,0)\}$$

が**射影直線**である。もちろん連比 $[x:y]$ と $[x':y']$ が等しいとは、あるゼロでない実数 λ に対して、$(x', y') = \lambda(x, y)$ となるときに言う。これは (x, y) と (x', y') が平面 $\mathbb{R}^2$ の原点を通る同一直線上にあるということである。この $[x:y] \in \mathbb{P}^1(\mathbb{R})$ に対して、x, y をやはり斉次座標と呼ぶ。

さて、連比 $[x:y]$ において、もし $x \neq 0, y \neq 0$ なら、

$$[x:y] = [x/y:1] = [1:y/x]$$

であるから、そのような点は $[X:1]$ と表わすことができる ($X = x/y$)。ここで $x, y \neq 0$ なので $X \neq 0$ である。そこで $\mathbb{P}^1(\mathbb{R})$ の部分集合を $W = \{[x:y] \mid x \neq 0, y \neq 0\}$ とおいて、写像

$$\psi : W = \{[x:y] \mid x \neq 0, y \neq 0\} \to \mathbb{R}^{\times} = \{X \in \mathbb{R} \mid X \neq 0\}$$

を $\psi([x:y]) = x/y$ で決めれば、ψ は全単射同型写像となる。した

がって $W \subset \mathbb{P}^1(\mathbb{R})$ は $\mathbb{R}^\times$ と同一視してもよいだろう。

一方、もし $x = 0$ なら $(0, y) = y(0, 1)$ なので、$[0:y] = [0:1]$ である。このような点は一点しかない。同様にして、もし $y = 0$ なら $[x:0] = [1:0]$ で、やはりそのような点は一つしかない。

以上をまとめると

$$\mathbb{P}^1(\mathbb{R}) = \mathbb{R}^\times \cup \{[0:1]\} \cup \{[1:0]\}$$

となる。そこで $[X:1]$ において $X = 0$ も許して考えることにすると、最初の2つの部分集合の和は

$$\mathbb{R}^\times \cup \{[0:1]\} = \{[X:1] \mid X \in \mathbb{R}\} \simeq \mathbb{R}$$

となり、ちょうど実数 $\mathbb{R}$ と同一視できる。これに一点 $[1:0]$ が付け加わったのが射影直線であり、$[1:0]$ が無限遠点である。実際

$$[X:1] = [1:1/X] \to [1:0] \qquad (X \to \pm\infty)$$

だから、座標 X が $\pm\infty$ に向かって発散するときに $[X:1]$ は $[1:0]$ に近づくことがわかる。

🌰 実射影平面の中の直線

実射影平面に話をもどそう。式 (3.2) より

$$\mathbb{P}^2(\mathbb{R}) = \mathbb{R}^2 \cup \{[x:y:0] \mid x, y \in \mathbb{R},\ (x, y) \neq (0, 0)\}$$

であったが、右辺の第2項の $[x:y:0]$ は第3成分が常にゼロなので、連比としては $[x:y]$ と書いても同じである。したがって、これはちょうど射影直線 $\mathbb{P}^1(\mathbb{R})$ に一致している。つまり

$$\mathbb{P}^2(\mathbb{R}) = \mathbb{R}^2 \cup \mathbb{P}^1(\mathbb{R})$$

であって、このように $\mathbb{P}^1(\mathbb{R})$ と同一視された集合 $\{[x:y:0] \mid x, y \in$

$\mathbb{R}, (x,y) \neq (0,0)\}$ を**無限遠直線**と呼ぶ。

斉次座標は射影平面上の点と一対一に対応しているわけではないが、斉次座標を用いた方程式 $z=0$ は射影平面上の無限遠直線を定義している。同様に x, y, z を射影平面の斉次座標とするとき、方程式

$$ax + by + cz = 0 \tag{3.3}$$

を満たす点の全体は射影直線になることを示そう。ここに係数は $(a,b,c) \neq (0,0,0)$ を満たすと仮定する。もし $a = b = 0$ なら、与式は $cz = 0$ であって、これは $z = 0$ を意味するから上で考えた無限遠直線に一致する。そこで、以下 a, b のいずれかはゼロではないとしよう。

方程式 (3.3) の両辺を $\lambda \neq 0$ 倍すると

$$a(\lambda x) + b(\lambda y) + c(\lambda z) = 0$$

となり、(x, y, z) が式 (3.3) を満たせば、$(\lambda x, \lambda y, \lambda z)$ も同じ式を満たす。これは、原点を通る直線上の (ゼロでない) ある点が式 (3.3) を満たせば、直線上の点すべてが同じ式を満たすことを意味している。つまり、(x, y, z) が (3.3) を満たすかどうかは、連比 $[x:y:z]$ だけで決まる。そこで

$$L = \{[x:y:z] \in \mathbb{P}^2(\mathbb{R}) \mid ax + by + cz = 0\}$$

は射影平面の部分集合として意味を持っている。点 $[x:y:z] \in L$ を取ると、$z \neq 0$ なら (3.3) の両辺を z で割って、

$$a\frac{x}{z} + b\frac{y}{z} + c = 0,$$
$$aX + bY + c = 0 \qquad \left(X = \frac{x}{z},\ Y = \frac{y}{z}\right)$$

であり、これは通常平面の座標 (X, Y) で考えれば、直線を表わしている。したがって L は通常平面 E_2 内の直線 $aX + bY + c = 0$ に

無限遠点を付け加えた図形である。

次に無限遠ではどうなっているのかを調べよう。射影平面の場合、無限遠点の全体は射影直線であって、$z=0$ と表わされるのであった。これを L の方程式 (3.3) に代入して $ax+by=0$ を得る。これを満たすのは $(x,y)=\lambda(b,-a)$ $(\lambda\in\mathbb{R})$ のときであるが、これらの点は連比としてはすべて同じ $[b:-a:0]$ を表わすことになるから、L は無限遠直線 $z=0$ とただ一点 $[b:-a:0]$ で交わる。

これで L は通常の直線に無限遠点が一点付け加わったものであることがわかった。この構造は実射影直線と同じであるが、実際に L が実射影直線であることを示そう。それには斉次座標を用いるのが簡単でよい。係数 a,b,c のいずれかはゼロではないとしたから、例えば $c\neq 0$ として示せば十分である。このときは、写像

$$\mathbb{P}^1(\mathbb{R}) \ni [s:t] \mapsto [cs:ct:-(as+bt)] \in L$$

を考える。この写像の逆写像が

$$L \ni [x:y:z] \mapsto [x:y] \in \mathbb{P}^1(\mathbb{R})$$

で与えられる。これは正射影の式である。ここで $x=y=0$ なら、L の方程式と $c\neq 0$ であることから $z=0$ となってしまうので、$(x,y)\neq 0$ でなければならないことに注意しておく。

このようにして、L は $\mathbb{P}^1(\mathbb{R})$ と全単射対応があり、その対応も具体的に式で表わされている。したがって、射影平面 $\mathbb{P}^2(\mathbb{R})$ の中の部分集合 L と射影直線 $\mathbb{P}^1(\mathbb{R})$ を同一視してもよいだろう。通常平面上の直線 $aX+bY+c=0$ は無限遠点 $[b:-a:0]$ を付け加えることで射影直線とみなすことができる。また無限遠点すべての集合はやはり射影直線をなす(無限遠直線)。

定理 3.5

射影平面 $\mathbb{P}^2(\mathbb{R})$ 上の斉次座標 x,y,z の方程式 $ax+by+cz=$

0 で定義された図形は、$(a,b,c) \neq 0$ ならば、すべて射影直線 $\mathbb{P}^1(\mathbb{R})$ と "同型" である[4]。$a \neq 0$ または $b \neq 0$ ならば、これは通常平面上の直線に無限遠点を 1 点付加したものであり、$a = b = 0$ で $c \neq 0$ のときには、無限遠直線を表わす。

通常平面 E_2 上の直線 $aX + bY + c = 0$ に付け加える無限遠点 $[b: -a: 0]$ は c には無関係で直線の法線方向 (a, b) にのみ関係していることに注意しよう。したがって、同じ法線方向を持つ相異なる直線は、ただ一つの無限遠点で交わる。2 直線が同じ法線方向を持つということは平行ということであるから、通常平面における相異なる平行な 2 直線はただ一つの無限遠点 $[u:v:0]$ で交わる。ここに (u, v) は直線の方向である。したがって、平行でない 2 直線は無限遠点では交わらず、通常平面内の 1 点で交わる。さらに無限遠直線は通常平面の直線とただ 1 点で交わる。

まとめると、次の定理を得る。

定理 3.6

射影平面 $\mathbb{P}^2(\mathbb{R})$ の相異なる 2 直線はただ一点で交わる。

この節では $ax + by + cz = 0$ で定義された図形を射影平面内の直線と呼んだ。上の定理は定理 2.11 と同じ内容を主張しているのだが、このように考えると、もはや無限遠直線と通常平面内の直線に一点を付け加えたものは区別する必要がないことに気がつくであろう。すべての直線は見方を変えると無限遠直線になり、無限遠直線はうまく通常平面を取れば、ごく普通の直線に無限遠点を付加したものと思えるのである。

---

[4] A と B が同型とは、全単射対応があり、両者が本質的に同じであると思えるということを表す用語である。$A \simeq B$ などと表される。

3.3 二次曲線

前節では射影平面内の一次式で定義されるような図形、つまり射影直線についていささか詳しく見てきた。この節では、二次式で定義されるような図形を考えよう。

一般の二次式

$$a_{11}x^2 + a_{22}y^2 + a_{33}z^2$$
$$+ 2a_{12}xy + 2a_{23}yz + 2a_{31}zx = 0 \qquad (3.4)$$

で定義される $\mathbb{P}^2(\mathbb{R})$ 内の図形を二次曲線と呼ぶ。ただし、係数 $a_{ij} \in \mathbb{R}$ のすべてがゼロになることはないとする（以下これを常に仮定し、とくに断らない）。二次式の係数を系統的に a_{ij} で表わしたが、ついでに斉次座標の変数 x, y, z も（時と場合に応じて）x_1, x_2, x_3 などと書こう。すると (3.4) 式は

$$\sum_{i,j=1}^{3} a_{ij} x_i x_j = 0 \qquad (3.5)$$

と表わされる。ここで i, j は $1 \sim 3$ のすべての添え字を動くので、$x_1 x_2$ と $x_2 x_1$ がどちらも出てくることに注意しよう。それにあわせて $a_{ij} = a_{ji}$ と定義しておく。このような理由によって式 (3.4) の交叉項 xy などの係数が 2 倍されているわけである。

さて、式 (3.5) は確かに射影平面内の曲線を定義することを確認しておこう。実際、(x_1, x_2, x_3) が式 (3.5) を満たしていれば、実数 $\lambda \neq 0$ に対して、両辺を λ^2 倍することによって

$$\sum_{i,j=1}^{3} a_{ij} (\lambda x_i)(\lambda x_j) = 0 \qquad (3.6)$$

となり、$(\lambda x_1, \lambda x_2, \lambda x_3)$ も同じ式を満たす。つまり原点を通る直

線上の点全体が同じ式を満たすことになる。したがって、それは射影平面上の一点を与えるのである。式 (3.5) は x_1, x_2, x_3 の斉次二次式であるが、もしここに一次式や定数項が混じっていれば、同じ議論は成り立たず、したがって、射影平面内の点を定めないことに注意しておこう。このような斉次二次式で定義された射影平面内の図形を（射影）**二次曲線**と呼ぶ。

直線の場合とは異なり、一般の二次式で定義された図形を調べることは少し難しい。そこで、以下、代表的な二次曲線を見ておくことにする。

楕円

$a, b, c > 0$ に対して、方程式

$$a^2 x^2 + b^2 y^2 = c^2 z^2 \tag{3.7}$$

で定義された曲線は楕円である。$z \neq 0$ なら方程式の両辺を z^2 で割って、

$$a^2 \left(\frac{x}{z}\right)^2 + b^2 \left(\frac{y}{z}\right)^2 = c^2$$

となり、$(X, Y) = (x/z, y/z)$ で変数を表わせば

$$A^2 X^2 + B^2 Y^2 = 1 \quad \left(A = \frac{a}{c}, B = \frac{b}{c} \text{ とおいた}\right)$$

であるから、これは通常平面内の楕円である。

ここで、もし $z = 0$ ならば、方程式は $a^2 x^2 + b^2 y^2 = 0$ であるが、$a^2, b^2 > 0$ なので、このような点は $x = y = 0$ に限る[5]。したがって $x = y = z = 0$ となるが、斉次座標においてすべての座標がゼロになることは許されないので、このような点は射影平面上に

---

[5] 実数の範囲でのお話。複素数においてはもちろん $(x, y) = \lambda(b, \pm ai)$ となる。

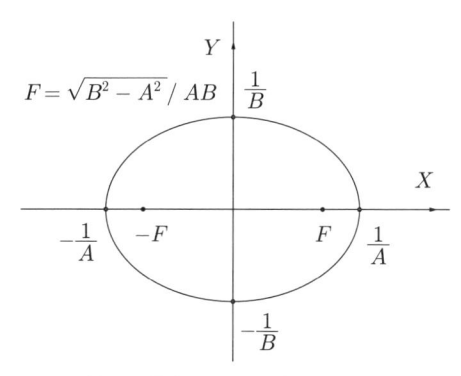

図 3-5 楕円と焦点 $(\pm F, 0)$ $(B > A > 0$ の場合$)$

は存在しない。つまり "楕円は無限遠点を持たない" という常識的な結論を得る。

双曲線

$a, b, c > 0$ に対して、方程式

$$a^2 x^2 - b^2 y^2 = c^2 z^2 \tag{3.8}$$

で定義された曲線は**双曲線**である。$z \neq 0$ なら方程式の両辺を z^2 で割って、

$$a^2 \left(\frac{x}{z}\right)^2 - b^2 \left(\frac{y}{z}\right)^2 = c^2$$

となり、$(X, Y) = (x/z, y/z)$ で変数を表わせば

$$A^2 X^2 - B^2 Y^2 = 1 \quad \left(A = \frac{a}{c},\ B = \frac{b}{c}\ とおいた\right)$$

であるから、これは通常平面内における、漸近線 $AX \pm BY = 0$ をもつ双曲線である。

ここで $z = 0$ ならば、方程式は $a^2 x^2 - b^2 y^2 = 0$ となるから、因数分解して $(ax - by)(ax + by) = 0$ を得る。これを解いて $(x, y) =$

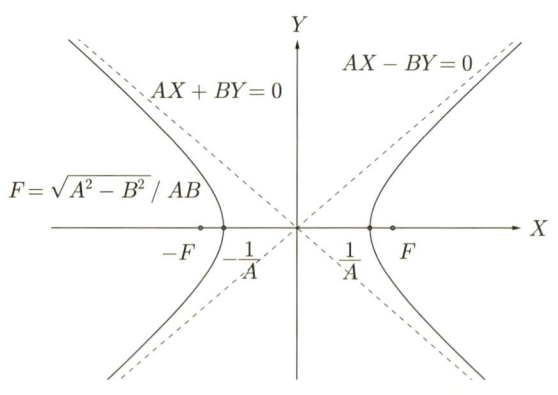

図 3-6 双曲線と焦点 $(\pm F, 0)$ および漸近線

$\lambda(b, \pm a)$ である。これより、2 つの無限遠点 $[b:\pm a:0]$ が双曲線に付け加わっていることがわかる。この 2 つの無限遠点は、漸近線 $AX \pm BY = 0$ に付け加わる無限遠点と等しいことに注意しよう。つまり双曲線と漸近線は無限遠点で交わっている[6]。

さて、しかし双曲線の方程式 (3.8) を見ると、$a^2x^2 = b^2y^2 + c^2z^2$ と書きなおせるので、これは (x, y, z) の役割を (y, z, x) に入れ替えた楕円の方程式にすぎない！ したがって楕円と双曲線は射影平面内ではまったく区別できない対象である。もう少し詳しく言うと、射影平面内における楕円と双曲線は、通常平面や無限遠直線との間の位置関係においてのみ区別されるものである。

そこで見方を変えて、$z = 0$ の代わりに $x = 0$ で定義される射影直線を新たに無限遠直線とみなすことにすると、通常平面の座標は $(Y, Z) = (y/x, z/x)$ となる。したがって、もともと無限遠直線であった $z = 0$ は通常平面の直線 $Z = 0$ へと姿を変える。このとき、楕円

$$B^2Y^2 + C^2Z^2 = 1 \quad \left(B = \frac{b}{a},\ C = \frac{c}{a}\right)$$

---

[6] 実は接している。

は直線 $Z = 0$ と $Y = \pm 1/B = \pm a/b$ で交わる。また、もともとの漸近線 $AX \pm BY = 0$ は

$$\frac{a}{c}\frac{x}{z} \pm \frac{b}{c}\frac{y}{z} = 0, \quad \therefore \quad ax \pm by = 0, \quad \therefore \quad \frac{y}{x} = \pm \frac{a}{b}$$

だから、新しい通常平面上の座標 (Y, Z) においては $Y = \pm 1/B$ と表わされ、ちょうど $(Y, Z) = (\pm 1/B, 0)$ で楕円と接している。

放物線

$a, b > 0$ に対して、方程式

$$a^2 x^2 - b^2 yz = 0 \tag{3.9}$$

で定義された曲線は**放物線**である。$z \neq 0$ なら方程式の両辺を z^2 で割って、

$$a^2 \left(\frac{x}{z}\right)^2 - b^2 \frac{y}{z} = 0$$

となり、$(X, Y) = (x/z, y/z)$ で変数を表わせば

$$Y = A^2 X^2 \quad \left(A = \frac{a}{b} \text{ とおいた}\right)$$

であるから、これは通常平面内の原点 $(X, Y) = (0, 0)$ において $Y = 0$ に接する放物線である。

ここで、もし $z = 0$ ならば、方程式は $a^2 x^2 = 0$ となるから、$x = 0$ である。つまり $[0:1:0]$ において放物線は無限遠直線と交わる[7]。

さて、放物線は双曲線や楕円と非常に異なるように見える。しかし、射影平面上では本質的に放物線は楕円と同じであることが次のようにしてわかる。まず新しい変数 (u, v, w) を導入して、

---

[7] この場合、放物線は無限遠直線と接している。

図 3-7 放物線

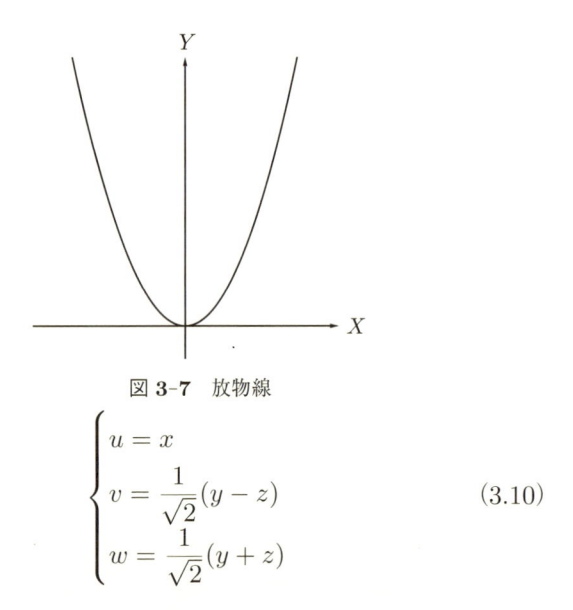

$$\begin{cases} u = x \\ v = \dfrac{1}{\sqrt{2}}(y-z) \\ w = \dfrac{1}{\sqrt{2}}(y+z) \end{cases} \quad (3.10)$$

とおく。これは x 座標はそのままに、(y,z) 座標を $\pi/4$ 回転することに相当する。すると

$$v^2 - w^2 = 2yz$$

であるから、放物線の方程式は

$$a^2 u^2 - \frac{b^2}{2}(v^2 - w^2) = 0, \quad \therefore \quad a^2 u^2 + \frac{b^2}{2} w^2 = \frac{b^2}{2} v^2$$

と表わされ、これは、まさしく斉次座標 $[u:v:w]$ で表わされた楕円の方程式である。

このように、放物線は斉次座標をうまく変数変換すると楕円とみなすことができる。一方、楕円と双曲線は、斉次座標をすべて平等にあつかうことにより本質的に同じであるとみなすことができるのであった。結局、楕円・双曲線・放物線は射影平面上ではほぼ同じ図形を表わしていることが了解されるであろう。

ここでは放物線を楕円と見るために変数変換（つまり座標の取り換え）を行った。このような座標変換をもっと系統的にあつかうと

射影平面上の図形をよりよく理解できるようになる。このような変換を射影変換と呼ぶ。

演習 3.7 放物線が無限遠直線と接していることを確かめよ。

3.4 実射影変換

すでに §3.1 において実射影平面 $\mathbb{P}^2(\mathbb{R})$ を導入したが、これを本当の意味で使えるようにするためには、前節で具体的に見たように射影平面上の変換を導入する必要がある。

射影変換とは、点射影や平行射影を何度か続けて行ったものを指すが、きちんと定義するには斉次座標を用いるのが便利である。A を 3 次の正則行列[8]とし、

$$\begin{pmatrix} u \\ v \\ w \end{pmatrix} = A \begin{pmatrix} x \\ y \\ z \end{pmatrix} \tag{3.11}$$

によって u, v, w を定める。ここで

$$A = \begin{pmatrix} a_1 & b_1 & c_1 \\ a_2 & b_2 & c_2 \\ a_3 & b_3 & c_3 \end{pmatrix} \tag{3.12}$$

と表わしておけば、

---

[8] A が正則行列とは、逆行列を持つような行列をさす。これは行列式 $\det A$ がゼロでないことと同値である。

$$\begin{cases} u = a_1 x + b_1 y + c_1 z \\ v = a_2 x + b_2 y + c_2 z \\ w = a_3 x + b_3 y + c_3 z \end{cases} \quad (3.13)$$

のように u, v, w は x, y, z の一次式で表わすことができる。これが式 ${}^t(u, v, w) = A\, {}^t(x, y, z)$ の意味である。

係数行列 A は正則であるとしたので、$(u, v, w) = 0$ であることと $(x, y, z) = 0$ であることは同値である[9]。原点は斉次座標を定義するときに除かれていたことに注意しよう。また、(x, y, z) の代わりにそのスカラー倍 $\lambda(x, y, z)$ を考えれば、やはり (u, v, w) も λ 倍される。要するに、対応 $(x, y, z) \mapsto (u, v, w)$ では、原点を通る直線はまた原点を通る直線に写っている。したがってこの対応は射影平面から射影平面への写像を矛盾なく定義している。

定義 3.8

式（3.12）および（3.13）によって定まる射影平面の変換 $[x : y : z] \mapsto [u : v : w]$ を、行列 A によって引き起こされる射影変換と呼び ρ_A で表わす。斉次座標で書けば、行列 A による射影変換は $[\boldsymbol{v}] = [x : y : z]$ に対して

$$\rho_A([\boldsymbol{v}]) = [A\boldsymbol{v}] \quad （A\boldsymbol{v} \text{は行列と列ベクトルの積}） \quad (3.14)$$

で与えられる。

例 3.9

§2.1 で論じた平行射影（平行光線による射影）π_v を考えてみよう。このとき、通常平面を $z = 1$ で定義された平面 $\{(X, Y, 1) \mid X, Y \in \mathbb{R}\}$ とみなして、π_v をこの平面から空間内

---

[9] ここで 0 はゼロベクトル $(0, 0, 0)$ を表わしている。

の xy 平面への変換と思うことにする。そこで、通常平面上の点 $(X, Y, 1) = (x/z, y/z, 1)$ をとり、式 (2.1) によって射影される点を計算すれば

$$\pi_v(x/z, y/z, 1) = (x/z - p/r, y/z - q/r)$$
$$\longleftrightarrow (U, V, 1) = (x/z - p/r, y/z - q/r, 1)$$
$$U = \frac{u}{w}, V = \frac{v}{w}$$

これを斉次座標において分母を払って書き直すと

$$\pi_v([x:y:z]) = [rx - pz : ry - qz : rz] = \left[\begin{vmatrix} x & z \\ p & r \end{vmatrix} : \begin{vmatrix} y & z \\ q & r \end{vmatrix} : rz \right]$$

となる。したがって、平行射影は行列

$$A = \begin{pmatrix} r & 0 & -p \\ 0 & r & -q \\ 0 & 0 & r \end{pmatrix}$$

に対応する射影変換であることがわかる。ここで A が正則であることと $r \neq 0$ であることは同値であることに注意しよう。$r = 0$ のときには、光線が xy 平面と平行になってしまい、平行射影が不可能になっている。

例 3.10 次に点光源からの射影を考えよう。ここでは §2.2 で考えた点光源からの射影によって平面 $H_x = \{(1, Y, Z) \mid Y, Z \in \mathbb{R}\}$ を xy 平面に写す。斉次座標 $[x:y:z] = [1:Y:Z]$ ($Y = y/x, Z = z/x$) を考えて、式 (2.2) を使うと

$$\pi_P({}^t(1, Y, Z)) = \frac{1}{Z - r} \begin{pmatrix} \begin{vmatrix} p & 1 \\ r & Z \end{vmatrix} \\ \begin{vmatrix} q & Y \\ r & Z \end{vmatrix} \end{pmatrix} = \frac{1}{z/x - r} \begin{pmatrix} \begin{vmatrix} p & 1 \\ r & z/x \end{vmatrix} \\ \begin{vmatrix} q & y/x \\ r & z/x \end{vmatrix} \end{pmatrix}$$

これを斉次座標で書きなおせば

$$\pi_P([x:y:z]) = \left[\left|\begin{matrix} x & p \\ z & r \end{matrix}\right| : \left|\begin{matrix} y & q \\ z & r \end{matrix}\right| : rx - z\right]$$

となる。したがって、点光源による射影変換を表わす行列は

$$A = \begin{pmatrix} r & 0 & -p \\ 0 & r & -q \\ r & 0 & -1 \end{pmatrix}$$

である。この行列の行列式は $\det A = r^2(p-1)$ なので、A が正則になるのは $r \neq 0, p \neq 1$ の場合である。このうち $r = 0$ であるのは点光源がちょうど xy 平面内に含まれてしまい、射影が構成できない場合であり、$p = 1$ のときは点光源が $x = 1$ つまり H_x に含まれている場合で、やはり射影が構成できない。

例 3.11 §3.3 において、座標を入れ替えることで双曲線が楕円とみなせることを説明した。この時の座標の入れ替えは $[x:y:z] \mapsto [y:z:x]$ というものであったから、この変換は行列

$$A = \begin{pmatrix} 0 & 1 & 0 \\ 0 & 0 & 1 \\ 1 & 0 & 0 \end{pmatrix}$$

に対応する射影変換である。

例 3.12 同じように §3.3 で斉次座標をうまく変換すると放物線の方程式が楕円の方程式に変換されることを示した。式 (3.10) による変換を斉次座標で表わすと

$$[x:y:z] \mapsto [u:v:w] = \left[\sqrt{2}\,x : y - z : y + z\right]$$

である。ただし、斉次座標は定数倍しても同じであるから、全体を $\sqrt{2}$ 倍してある。この変換はやはり射影変換で、対応する

行列は
$$A = \begin{pmatrix} \sqrt{2} & 0 & 0 \\ 0 & 1 & -1 \\ 0 & 1 & 1 \end{pmatrix}$$
である。斉次座標を $\sqrt{2}$ 倍することによって行列の方も $\sqrt{2}$ 倍されていることに注意する。したがって、射影変換に対応する行列は定数倍を除いて考える必要がある。

射影変換の合成はまた射影変換になる。斉次座標で書けば、行列 A による射影変換は $\rho_A([\boldsymbol{v}]) = [A\boldsymbol{v}]$ となるのであった。したがって ρ_B を別の射影変換とすると、
$$\rho_A \circ \rho_B([\boldsymbol{v}]) = \rho_A([B\boldsymbol{v}]) = [AB\boldsymbol{v}] = \rho_{AB}([\boldsymbol{v}])$$
である。ここで AB は行列の積を表す。この式から、射影変換の合成に対して $\rho_A \circ \rho_B = \rho_{AB}$ が成り立つことがわかり、やはり射影変換である。

さらに、この射影変換の合成の式で $B = A^{-1}$（逆行列）とおくと、E を単位行列として、
$$\rho_A \circ \rho_{A^{-1}} = \rho_{AA^{-1}} = \rho_E$$
であるが、明らかに ρ_E は恒等変換[10]だから、ρ_A の逆写像が $\rho_A^{-1} = \rho_{A^{-1}}$ で与えられる。つまり射影変換の逆変換もまた射影変換になる。

---

10) 変換とは何らかの変化を起こすものを自然と期待するが、「何も変化を引き起こさない」ものも変換と考えてこれを**恒等変換**と呼ぶ。恒等写像と同じものである。

3.5 射影変換による図形の変換

射影変換によって何がどのように変化するのかは重要であるが、まず最初に、一番簡単な"図形"である点と直線がどのように変化するのかを見ておこう。

定理 3.13

射影平面上の任意の 2 点 $[u], [v]$ に対して、ある射影変換 ρ_A をとれば $\rho_A([u]) = [v]$ である。つまり、射影平面上の任意の 2 点は射影変換によって写りあう。

[証明] ある射影変換によって点 $[a:b:c]$ が $[1:0:0]$ に写ることを確かめれば十分である。もしこれが示されれば、$[u]$ も $[v]$ も適当な射影変換(それを ρ_{B_1} と ρ_{B_2} としよう)で $[1:0:0]$ に写すことができる(図 3-8)。このとき

$$\rho_{B_2}^{-1} \circ \rho_{B_1}([u]) = \rho_{B_2}^{-1}([1:0:0]) = [v]$$

なので $\rho_{B_2}^{-1} \circ \rho_{B_1} = \rho_{B_2^{-1}B_1}$ が求める射影変換 ρ_A になる。

さて、点 $[a:b:c]$ に対して、ベクトル $v = {}^t(a,b,c)$ を含む $\mathbb{R}^3$ の基底 $\{v, v', v''\}$ を取り、この 3 つのベクトルを並べた行列を $A = (v, v', v'')$ とおく。このとき、計算してみれば明らかなように $Ae_1 = v$ が成り立つ。ただし $e_1 = {}^t(1,0,0)$ は基本ベクトルを表す。また $\{v, v', v''\}$ は $\mathbb{R}^3$ の基底であるから、A は正則行列である。したがって、逆行列 A^{-1} が存在する。式 $Ae_1 = v$ より $A^{-1}v = e_1$ が成り立つので、射影変換 $\rho_{A^{-1}}$ によって $[v]$ は $[e_1]$ に写る。 □

この証明は、行列にあまりなじみのない読者にはすこし難しいか

3.5 射影変換による図形の変換

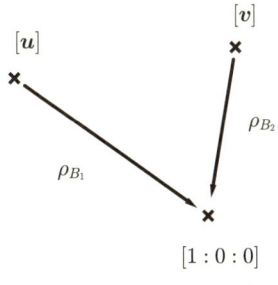

[図: $[u]$ から $[1:0:0]$ へ ρ_{B_1}、$[v]$ から $[1:0:0]$ へ ρ_{B_2}]

図 3-8　$[u]$ を $[v]$ に写す

もしれないが、主張の本質は簡単である。3次元空間内で、点 $[u]$ の載っている平面を H_1 とし、点 $[v]$ の載っている別の平面を H_2 とする。この2点を結ぶ直線上に点光源を置き、この点光源によって射影すれば $[u]$ が $[v]$ に写ることは点光源の選び方から明らかである。この幾何学的な直感を用いた説明では、点 $[u]$ 等が無限遠点であった場合や、H_1, H_2 の位置関係が特殊な場合に、不都合を回避するためのトリックが必要であるが、上の証明のように座標や行列を用いるとそのような場合分けの手間がない。

さて、点の次に簡単な図形は直線であろう。射影変換によって直線が直線に写ることは明らかであるが、点の場合と同様に、直線も射影変換によって好きな位置にある直線に持っていくことができる。

定理 3.14

射影平面上の2直線 ℓ_1, ℓ_2 に対して、射影変換 ρ_A であって、$\rho_A(\ell_1) = \ell_2$ となるものが存在する。

[証明] 斉次座標 $[x:y:z]$ を用いて、射影直線 $ax+by+cz=0$ を考えよう。この直線上の点 $[x:y:z]$ を ρ_A で写した点を $[\xi:\eta:\zeta] = \rho_A([x:y:z])$ とすると、

$$0 = ax + by + cz = (a,b,c)\begin{pmatrix} x \\ y \\ z \end{pmatrix} = (a,b,c)A^{-1}\begin{pmatrix} \xi \\ \eta \\ \zeta \end{pmatrix}$$

である。ここで $(a,b,c)A^{-1} = (a',b',c')$ とおくと、

$$(a,b,c)A^{-1}\begin{pmatrix} \xi \\ \eta \\ \zeta \end{pmatrix} = (a',b',c')\begin{pmatrix} \xi \\ \eta \\ \zeta \end{pmatrix} = a'\xi + b'\eta + c'\zeta$$

となるから、点 $[\xi:\eta:\zeta]$ は直線 $a'x + b'y + c'z = 0$ 上にある。したがって直線 $\ell_1 : ax+by+cz = 0$ は ρ_A によって $\ell_2 : a'x+b'y+c'z = 0$ に写る。

さて、任意に係数 (a,b,c) と (a',b',c') が与えられたとき、

$$(a,b,c)A^{-1} = (a',b',c')$$

となるような行列 A を選ぶことができる。実際、両辺の転置を取ると、これは ${}^t A^{-1} \cdot {}^t(a,b,c) = {}^t(a',b',c')$ と同値だから、上の定理3.13とまったく同様にして示すことができる。すると、この ρ_A が求める射影変換である。　□

この証明から、直線 $ax + by + cz = 0$ を射影変換 ρ_A で写すことは、その係数である点 $[a:b:c]$ を射影変換 $\rho_{{}^tA^{-1}}$ で写すこととまったく同じであることがわかる。つまり射影直線はその係数を考えることによってあたかも射影平面内の点のように考えることができるということである。これについては、また後の章で再び考えることにしよう。

最後に円錐曲線を考える。

特殊な状況においては、楕円と双曲線・放物線が本質的に同じであることを見てきた。これを一般的な形で述べておきたい。その前に、二次曲線について少し注意しておく。実射影平面上の二次曲線では、例えば $a,b,c > 0$ のとき $ax^2 + by^2 + cz^2 = 0$ の定

める点は $(x,y,z) = (0,0,0)$ しかないので、連比を考えることができず、射影平面の点を定めない[11]。また $ax^2 + by^2 = 0$ の場合でも $x = y = 0$ となり、z は任意だが、射影平面上の点としては $[0:0:z] = [0:0:1]$ なので、一点のみを表わすことになる。このような場合を我々は『二次曲線』から除いて考えることにする。具体的には、二次曲線とは、射影平面上の（ゼロではない）二次式で定義された、無限個の点を含む図形のことである。

定理 3.15

実射影平面上の二次曲線は、射影変換により、（Ⅰ）円 $x^2 + y^2 = z^2$ （Ⅱ）2 直線の和 $xy = 0$ （Ⅲ）2 重直線[12] $x^2 = 0$ のいずれかに写すことができる。

[証明] まず式（3.5）のように与えられた二次式は、行列

$$A = \begin{pmatrix} a_{11} & a_{12} & a_{13} \\ a_{12} & a_{22} & a_{23} \\ a_{13} & a_{23} & a_{33} \end{pmatrix}$$

を用いて

$$ {}^t\boldsymbol{x} A \boldsymbol{x} = \sum_{i,j=1}^{3} a_{ij} x_i x_j = 0 $$

と書けることに注意しよう。行列 A は対角線に関して対称な形をした行列である。このような行列を**対称行列**という。次の定理は有名である。本書では証明しないが、例えば [3] や [6] などを参照して欲しい。

---

[11] すでに注意したように、複素数で考えるならばこのような制約はなく、$a, b, c > 0$ の場合でも $ax^2 + by^2 + cz^2 = 0$ は複素射影平面内の曲線を定めている。
[12] 2 本の直線に対して、一方を固定し、他方を交点のまわりに回転していくとピッタリ重なって 1 本の直線のように見えるときがある。このようなとき、本来 2 本あった直線が重なっているという意味で 2 重直線という。

定理 3.16

任意の実対称行列 A は、実正則行列 g を適当に選ぶと

$$
{}^t gAg = \begin{pmatrix} \varepsilon_1 & 0 & 0 \\ 0 & \varepsilon_2 & 0 \\ 0 & 0 & \varepsilon_3 \end{pmatrix}, \quad (\varepsilon_i = 0, \pm 1)
$$

の形に変形できる。また $\varepsilon_1, \varepsilon_2, \varepsilon_3$ の順序は任意に取り直すことができる。

この定理に表われる g を用いて、$\boldsymbol{x} = g\boldsymbol{X}$ のように座標変換を行おう。すると

$$
{}^t \boldsymbol{x} A \boldsymbol{x} = {}^t(g\boldsymbol{X}) A (g\boldsymbol{X}) = {}^t\boldsymbol{X} {}^t gAg \boldsymbol{X}
$$
$$
= {}^t\boldsymbol{X} \begin{pmatrix} \varepsilon_1 & 0 & 0 \\ 0 & \varepsilon_2 & 0 \\ 0 & 0 & \varepsilon_3 \end{pmatrix} \boldsymbol{X} = \varepsilon_1 X_1^2 + \varepsilon_2 X_2^2 + \varepsilon_3 X_3^2
$$

だから、新しい変数 $\boldsymbol{X} = (X_1, X_2, X_3)$ の下では、二次曲線の式は $\varepsilon_1 X_1^2 + \varepsilon_2 X_2^2 + \varepsilon_3 X_3^2 = 0$ と書けることになる。このような変数変換は、上で定義した射影変換に他ならない。

係数 $\varepsilon_1, \varepsilon_2, \varepsilon_3$ の順序は任意に取れるのであるから、結局、任意の二次式は射影変換によって次の形に変換される。

$$X_1^2 = 0 \quad (3.15)$$
$$X_1^2 + X_2^2 = 0 \quad (3.16)$$
$$X_1^2 + X_2^2 + X_3^2 = 0 \quad (3.17)$$
$$X_1^2 - X_2^2 = 0 \quad (3.18)$$
$$X_1^2 + X_2^2 - X_3^2 = 0 \quad (3.19)$$

ただし、方程式の両辺に (-1) を乗ずることができるので、そのようにして同じ方程式が得られる場合は省いてある。

これらの式のうち、(3.16) および (3.17) はすでに注意したよ

うに、射影平面内では点または空集合を表わすので二次曲線ではない。式 (3.15) は 2 重直線を表わし、(3.19) は円の方程式である。一方、(3.18) は $(X_1 - X_2)(X_1 + X_2) = 0$ と因数分解され、$x = X_1 - X_2, y = X_1 + X_2, z = X_3$ と変数変換しなおせば $xy = 0$ となって、2 直線の和である。　　　　　　　　　　　　　　　□

この定理にあるように、射影変換によって円の方程式 $x^2 + y^2 = z^2$ に写すことができるような二次曲線を非退化二次曲線と呼ぶ。射影変換で写りあうものを『同じ』とみなすならば、実射影平面上の非退化二次曲線はたった一つしか存在しない！

3.6　実射影空間と射影変換

長々と射影平面について述べてきたが、もちろん射影空間やその高次元への一般化が存在する。その理解にはやはり斉次座標を用いるのが便利である。3 次元射影空間 $\mathbb{P}^3(\mathbb{R})$ とは実 4 次元空間 $\mathbb{R}^4$ 内の原点を通る直線の全体であり、連比 $[x:y:z:w]$ の全体である。

通常の 3 次元空間は $\{[x:y:z:1] \mid x,y,z \in \mathbb{R}\}$ と同一視され、そのように思ったとき、無限遠点の全体は $\{[x:y:z:0] \mid (x,y,z) \neq 0\}$ であるから、最後の成分を無視すればこれは射影平面 $\mathbb{P}^2(\mathbb{R})$ と同じものである。つまり

$$\mathbb{P}^3(\mathbb{R}) = \mathbb{R}^3 \cup \mathbb{P}^2(\mathbb{R})$$

のように考えることができる。

射影変換は、4 次の正則行列 A を用いて、

$$\rho_A([\boldsymbol{x}]) = [A\boldsymbol{x}] \qquad \boldsymbol{x} = {}^t(x,y,z,w)$$

のように表わされる。ここで x に対して、その連比 $[x:y:z:w]$ を $[x]$ のように簡潔に表した。

ここまで来れば、一般の次元 n に対して n 次元射影空間 $\mathbb{P}^n(\mathbb{R})$ や射影変換 ρ_A を定義するのは簡単である。つまり $\mathbb{P}^n(\mathbb{R})$ は $(n+1)$ 次元ベクトル $x \in \mathbb{R}^{n+1}$ の連比 $[x]$ の全体であり、A を $(n+1)$ 次の正則行列とすると、$\rho_A([x]) = [Ax]$ が射影変換である。

演習 3.17 $\mathbb{P}^n(\mathbb{R}) = \mathbb{R}^n \cup \mathbb{P}^{n-1}(\mathbb{R})$ であることを示せ。

事ここに至って、射影幾何とは何かという問題に答えることができるようになった。ここまでの道程を辿ってくれば話は極めて簡単である。つまり、

ポイント 3.18 射影幾何とは、射影空間内の図形の性質のうち、射影変換で変わらないものを研究する学問である。

3.7 射影幾何の定理

射影幾何の目的がはっきりしたところで、射影幾何の定理を紹介しておこう。ただし、一部の証明などは別の章で行う。

まず射影変換で変わらない図形の性質として次のような項目が挙げられるであろう。

- 図形が直線であること。これは直線によって構成される図形にも適用できるから、三角形や四角形、もっと一般に多角形であるという性質。
- 図形が円錐曲線であること。
- いくつかの点が共線であること、直線が共点であること。

- 直線や曲線の交点の数。
- 直線や曲線が接するという性質。

注意しなければならないのは、このような性質はすべて無限遠点を含めた射影平面上で考えなければならないという点である。例えば、放物線は無限遠直線に接していたし、双曲線は無限遠直線と2点で交わっていたことを思い出そう。また、射影平面上の相異なる2直線は無限遠点まで考えれば、必ず1点で交わるのであった。

すでにデザルグの定理 2.12、パップスの定理 2.14 は射影幾何の定理であることを見た。実はメネラウスの定理[13]やチェバの定理も射影幾何の定理である。これを確認しておこう。

定理 3.19　メネラウスの定理

三角形 ABC の3辺 BC, CA, AB（またはそれを延長した直線）からそれぞれ1点づつ P, Q, R を取り、A, B, C とは異なる点であるとする。このとき3点 P, Q, R が共線であることと、

$$\frac{BP}{PC} \cdot \frac{CQ}{QA} \cdot \frac{AR}{RB} = 1 \qquad (3.20)$$

であることは同値である。

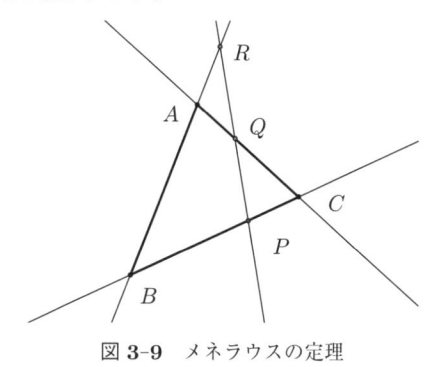

図 3-9　メネラウスの定理

---

13) Menelaus (70?-130?).

この定理の主張のうち、前半部分が射影変換で不変な性質であることは、どなたも異論はないであろう。後半部分、すなわち式（3.20）の部分はどうであろうか？　線分の長さ BP などは、容易に了解できるように射影では変わってしまう。時には、有限の長さだったものが、線分の端点が無限遠に飛ばされてしまうと無限の長さにもなり得る。だとすると、これは射影変換で保たれる性質とは言えないのではないか。

しかし、よく考えるとこの定理の主張は、前半の図形的な性質が後半の式（3.20）と同値であるという主張なのであるから、前半部分の主張が射影変換で変わらないのならば、後半部分も射影変換で変化しないはずである！

実際そのその推論は正しい。実は式（3.20）は『複比』と呼ばれる射影変換によって変わらない量で書き換えることができ、証明も射影幾何を用いて行うことができる。これについては §4.5 で説明することにしよう。

もっともメネラウスの定理の証明は初等幾何で行ってもそれほど難しくないから、わざわざ射影幾何を持ち出さずとも好いが、このように定式化したときの利点は、点 A, B, C, P, Q, R などが無限遠点でもよく、それに合わせて直線のうちの一つが無限遠直線であってもよいことである。そして、何よりも大切なことは、メネラウスの定理が、実は 4 本の直線配置の問題であることを認識することにある。

演習 3.20　点 C が無限遠点であったとき、メネラウスの定理の前半の図形的な性質はどのように言い表せばよいか考えてみよ。

[答. 平行な二直線 m_1, m_2 とそれに交わる 1 本の直線 ℓ を考え、点 P, Q はそれぞれ m_1, m_2 上に、点 R は ℓ 上にあるとする。このとき P, Q, R が共線であるための条件は $\dfrac{BP}{QA} \cdot \dfrac{AR}{RB} = 1$ が成り立つことである。]

3.7 射影幾何の定理

円錐曲線の出てくる射影幾何の定理として、定理 2.6 を再び考えてみよう。

定理 3.21 再掲

三角形 $\triangle ABC$ に内接する楕円の接点を図 2-17 のように P, Q, R とする。このとき、3 本の直線 AP, BQ, CR は共点である。

この定理の主張には直線や、円錐曲線（楕円）、接点および共点関係しか現れないので、まぎれもなく射影幾何学の定理であるが、それにしてはまだ少し徹底していない部分がある。そこで、これを次のように書きなおしてみよう。

定理 3.22

円錐曲線上の相異なる 3 点 P_1, P_2, P_3 を取り、点 P_i における接線を ℓ_i と書く。また、ℓ_i と ℓ_j の交点を C_{ij} などと表す。このとき、3 本の直線 $C_{12}P_3, C_{23}P_1, C_{31}P_2$ は共点である。

円錐曲線が楕円のとき

$$A = C_{23}, \ B = C_{31}, \ C = C_{12}; \quad P = P_1, \ Q = P_2, \ R = P_3$$

ととると、確かに定理と一致する。ここでは、楕円も三角形もこの定理にとって本質的ではなく、むしろ円錐曲線と 3 本の接線が本質的であるのだという点を読み取っていただきたい。

定理 3.22 の証明は、もし円錐曲線が楕円であれば、すでに終わっている。一般の円錐曲線に対しては、射影変換によってこれを楕円に写せばよい。すると、楕円に対しては成り立っている！ 射影変換によって共点関係は変化しないから、定理が成り立つ。

演習 3.23 放物線、あるいは双曲線上の 3 点を実際にとって定理 3.22 を確かめよ。

演習 3.24 双曲線上の 3 点のうち、一点が無限遠ならば定理 3.22 の主張は何を意味しているか？ また 3 点のうち 2 点が無限遠点ならばどうか？ 放物線でも考えてみよ。

[答. 双曲線上の一点 (P_3) が無限遠点とすると、その点における接線は 2 本の漸近線のうちの一本である (これを ℓ_3 とする)。あとの 2 点 P_1, P_2 とその点における接線 ℓ_1, ℓ_2 を考え、漸近線 ℓ_3 との交点を A, B、ℓ_1 と ℓ_2 との交点を C とすると、2 直線 AP_2, BP_1、および C を通り漸近線 ℓ_3 と平行な直線は共点である。

2 点 P_2, P_3 が無限遠点の時には、ℓ_2, ℓ_3 は 2 本の漸近線になる。双曲線上の一点 P_1 での接線 ℓ_1 と漸近線との交点を A, B とし、漸近線同士の交点を O とすると、A を通って漸近線に平行な直線と、B を通ってもう一本の漸近線に平行な直線、そして、直線 OP_1 は一点 C で交わる。OP_1 と ℓ_1 はそれぞれ平行四辺形 $OACB$ の対角線にあたっている。

最後に放物線の場合。一点 P_3 が無限遠点なら、その点での接線は無限遠直線である。P_1, P_2 における接線を ℓ_1, ℓ_2、その交点を A とする。P_1 を通って ℓ_2 に平行な直線と P_2 を通って ℓ_1 に平行な直線の交点を B とすると、直線 AB は放物線の軸に平行である。]

最後にもう一つだけ射影幾何の定理を挙げておこう。主張は少し複雑だが、本質は単純である。

定理 3.25

射影平面上の 2 本の直線 ℓ_1, ℓ_2 とその上にない点 A を考える。A を通る 2 本の直線 m_1, m_2 が与えられたとき、

ℓ_1 と m_1 の交点を P_1、ℓ_2 と m_1 の交点を P_2、

ℓ_1 と m_2 の交点を Q_1、ℓ_2 と m_2 の交点を Q_2

とおく。このとき、2 直線 P_1Q_2 と P_2Q_1 の交点 R は m_1, m_2 の選び方によらず、ある定直線 L 上にある。

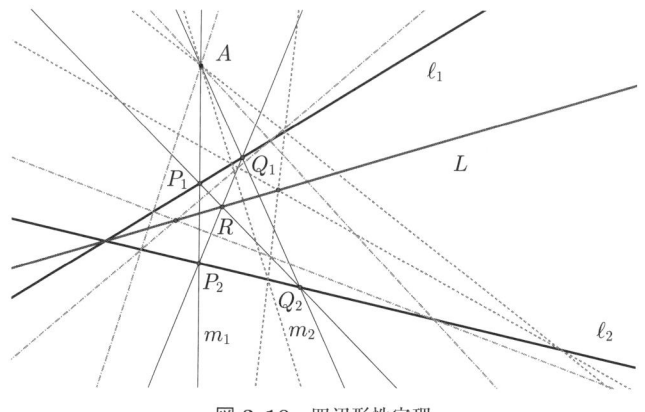

図 3-10　四辺形性定理

　これがまぎれもない射影幾何の定理であることは即座に了解されるであろう。そこで射影幾何らしい証明を考えてみよう。ポイントは、定理に現れる直線や点を射影変換で写して考えるという点にある。

[証明その 1]　ℓ_1 と ℓ_2 の交点を射影変換によって無限遠点に飛ばしてみよう。こうすることによって ℓ_1, ℓ_2 は無限遠点で交わる、つまり、通常平面では平行であることになる。このときは L は ℓ_1, ℓ_2 に平行な直線になることが簡単な三角形の相似を用いて示すことが

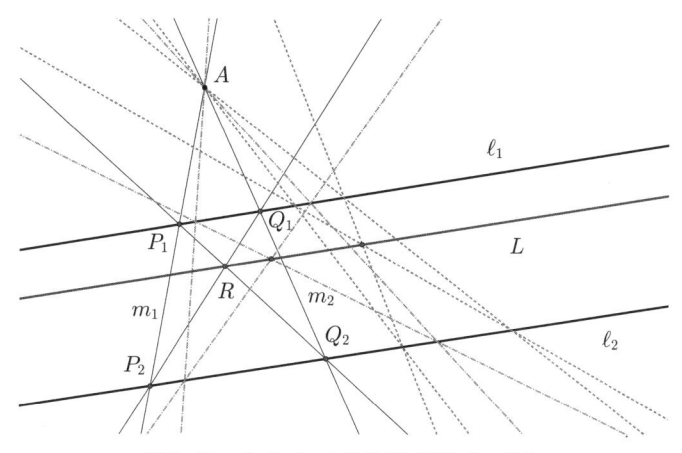

図 3-11　ℓ_1 と ℓ_2 の交点が無限遠点の場合

できる。　　　　　　　　　　　　　　　　　　　　　　　□

この証明によって、実は L は ℓ_1, ℓ_2 の交点を通るということもわかる！

演習 3.26　点 A が平行な 2 直線 ℓ_1, ℓ_2 のちょうど真ん中にあるとき、L は無限遠直線になることを示せ。

[証明その 2]　ℓ_1 と ℓ_2 の交点だけでなく、ℓ_2 そのものを射影変換によって無限遠直線に飛ばそう。定理 3.14 より任意の 2 直線は射影変換によってたがいに写りあうので、このような変換を取ることは可能である。

この時には、m_1 と ℓ_1 の交点 P_1、m_2 と ℓ_1 の交点 Q_1 を考えると、P_2, Q_2 は無限遠点であるので、R は P_1 を通って m_2 と平行な直線および Q_1 を通って m_1 と平行な直線の交点になる。このとき AP_1RQ_1 は平行四辺形であることに注意しよう。したがって R は ℓ_1 と平行な定直線 L 上にある。L は ℓ_1 に関して A と線対称な位置にある点 A' を通り、ℓ_1 に平行な直線である。

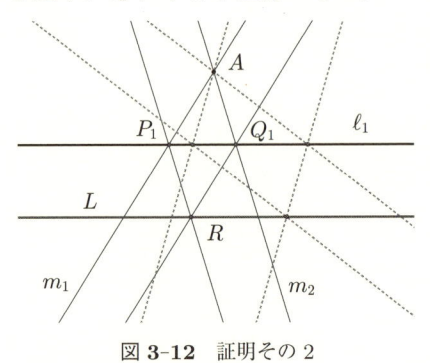

図 3-12　証明その 2

　　　　　　　　　　　　　　　　　　　　　　　　　　□

[証明その 3]　点 A と ℓ_1, ℓ_2 の交点を結ぶ直線を無限遠に飛ばしてみよう。そうすると $\ell_1 \parallel \ell_2$ かつ $m_1 \parallel m_2$ であることがわかる。

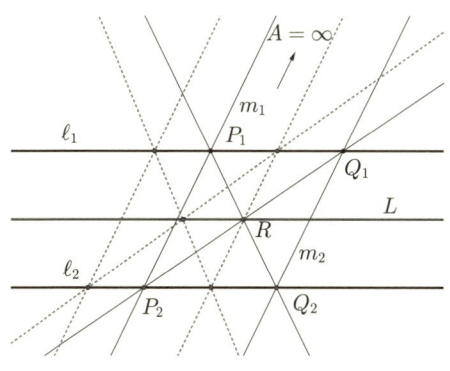

図 3-13 証明その 3

したがって L は ℓ_1, ℓ_2 のちょうど真ん中にある、この 2 本の直線と平行な直線になる。 □

最後の証明では A が無限遠直線上のどこにあってもよいことに注意しよう。これはつまり、点 A が ℓ_1, ℓ_2 の交点を通る定直線上にあれば、対応する L はすべて同じ直線になることを意味している。

さて、いろいろ証明を考えてみたが、どれも射影変換を有効に使っていることに注意してほしい。一方において、射影変換の具体的な形というものはあまり重要でない。

もちろん定理 3.25 を初等幾何や、解析幾何を用いて証明することも可能であるし、そう難しくないであろう。しかし、点 A が無限遠点である場合などは別の記述が必要となる。つまり上の証明の「その 1」から「その 3」までは別に記述する必要がある。また、証明その 1 でみたように L がどのような直線になるかという問題や、点 A と直線 L との関係なども無限遠を援用しないと難しいだろう。

だが、この定理を射影幾何の定理と考えることの最大の利点は、新しい定理の発見へと自然に導かれるという点にあるのである。次の定理を考えてみよう。

定理 3.27

射影平面上の円錐曲線 C とその上にない点 A を考える。A を通り C と 2 点でまじわるような 2 本の直線 m_1, m_2 が与えられたとき、

C と m_1 の交点を P_1, P_2、C と m_2 の交点を Q_1, Q_2 とおく。このとき、2 直線 P_1Q_2 と P_2Q_1 の交点 R は m_1, m_2 の選び方によらず、ある定直線 L 上にある。

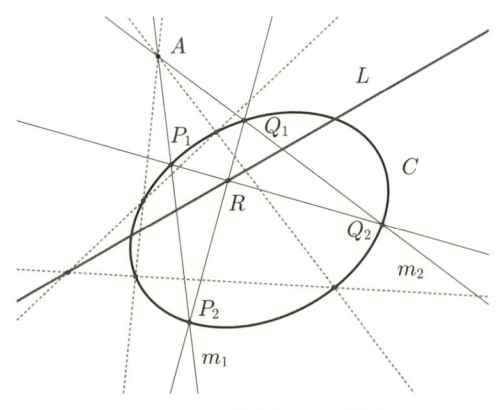

図 3-14 円錐曲線版四辺形性定理

この定理においては P_1, P_2 や Q_1, Q_2 の取り方は二通りづつあるが、どう選んでもかまわない！

この定理の証明は時期尚早であるので、§6 で与えるが、ここでは円錐曲線 C は非退化二次曲線であり、退化した二次曲線に 2 本の直線の和が含まれていることに注意しておきたい。つまり、最初に与えた定理 3.25 は 2 本の直線 ℓ_1, ℓ_2 を合わせたものが退化二次曲線と考えられるのであり、その非退化二次曲線版が定理 3.27 である。

演習 3.28
m_1, m_2 が C と接している場合は何が起こるか？

第4章

点と直線の配置

　この章では、図形の中でも一番簡単な、点と直線について考えよう。もちろん、点とか直線自身についてはあまりにも簡単すぎて調べることはないのだが、平面内において、いくつかの点やいくつかの直線がどのような位置関係にあるのかはなかなか興味深い問題である。このような問題を考えるには、射影幾何学を用いるのがもっとも適している。

前章で、まるで異なるように見える図形が、射影幾何学において
は射影変換で写り合うことを学んだ。三角形は射影によって正三角
形に写り、円は双曲線や放物線に写ったりしたのである。このよう
に単独の図形たちはそれぞれ射影変換によってある標準的な図形に
写すことが出来るし、図形の射影的な性質はそのような標準的な図
形、例えば円で考えればよい。しかし、射影幾何学の醍醐味はこの
ような図形の単純化だけにあるのではなく、実は図形同士の相互の
関係を調べるときにこそ、その魅力をより深く味わうことができる
のである。つまり、射影幾何学では個々の図形は単純になり、その
相互関係がより鮮明になるということができるだろう。

その一つの例は既に見たように、直線と円の位置関係に現れてい
る。円は無限遠直線と全く交わらない非退化二次曲線であり、双曲
線は2点で交わる。放物線は無限遠直線に接するという具合に。

この章では、平面図形の中でも最も単純なもの、つまり点と直線
に注目して、それらの位置関係、つまり点や直線の配置問題を考え
てみよう。

4.1 射影直線上の点の配置

まず直線上の点配置を考えてみよう。
直線に点が並ぶというと、あまり多様
性がないように思われるが、例えば、あ
る線分上のしかるべき比率の内分点な
どは、直線上の3点の点配置とみなす
ことができる。

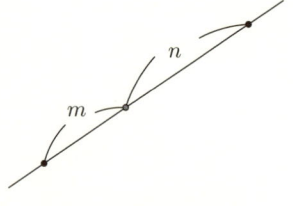

図 4-1 直線と内分点

ここでは、射影直線 $\mathbb{P}^1(\mathbb{R})$ を考えることにして、射影変換の下

で射影直線上の点がどのように変化するのかを見ることにしよう。そこで問題になるのが $\mathbb{P}^1(\mathbb{R})$ 上の射影変換であるが、あまりに単純なために、ここまでは特に取り上げて解説しなかった。そこでまず射影直線上の射影変換について述べよう。

射影直線は斉次座標 $[x:y]$ を持っている。ただし斉次座標は連比であるから、その方向だけが問題であり、原点中心の円周上の点 $[\cos\theta:\sin\theta]$ で代表できる。しかし、同時に円周上の点であっても、ちょうど正反対の向きを持つ、π だけ回転した対蹠点は元の点と同一視されることに注意しよう。つまり

$$[\cos\theta:\sin\theta] = [\cos(\theta+\pi):\sin(\theta+\pi)]$$

である。このように単位円において対蹠点を同一視して得られるものが射影直線 $\mathbb{P}^1(\mathbb{R})$ であるが、同一視した結果はやはり円周とみなすことができる[1]。したがって射影直線上の点配置は円周上の点配置と思うことができる。

斉次座標を用いれば、射影変換は 2 次の正則行列

$$A = \begin{pmatrix} a & b \\ c & d \end{pmatrix} \qquad \Delta := ad - bc \neq 0$$

に対して、

$$\rho_A([x:y]) = [ax+by:cx+dy]$$

で決まるような変換である。あるいはこれを $\rho_A([\boldsymbol{x}]) = [A\boldsymbol{x}]$ と書いてもよいだろう。ここで $\boldsymbol{x} = {}^t(x,y)$ は適宜列ベクトルに読みかえるものとする。射影直線において $[x:1]$ の形をしたものが通常の実数直線と同一視されているので、もし $cx+d \neq 0$ ならば、この場合には

---

1) 単位円における上半円の端点を同一視すればよい。

$$\rho_A([x:1]) = [ax+b : cx+d] = \left[\frac{ax+b}{cx+d} : 1\right]$$

となり、実数直線上においてはこの変換は

$$x \longmapsto \frac{ax+b}{cx+d}$$

と表されるような、一般に**一次分数変換**と呼ばれる写像になる[2]。

定理 4.1

射影直線 $\mathbb{P}^1(\mathbb{R})$ 上の相異なる 3 点は射影変換によって互いに写りあう。特に、任意の相異なる 3 実数を一次分数変換によって $0, 1, \infty$ に写すことができる。

この定理の証明は後回しにして、寄り道のようではあるが点の数を増やし、射影直線 $\mathbb{P}^1(\mathbb{R})$ 上の相異なる 4 点について考えてみることにしよう。数学においては、複雑になるように思えても、問題を少し一般化して考える方が問題の本質がよりよく見えることもある。この場合、結論から言うと $\mathbb{P}^1(\mathbb{R})$ 上の相異なる 4 点は互いに射影変換によって写りあうとは限らない。しかし、非常に簡単な式によって 4 点が互いに写りあうかどうかを判定することができるのである。

そこで $\mathbb{P}^1(\mathbb{R})$ 上の 4 点を取り、それを $[\boldsymbol{u}], [\boldsymbol{v}], [\boldsymbol{w}], [\boldsymbol{z}]$ としよう。ここで、例えば $\boldsymbol{u} = {}^t(u_1, u_2)$ と成分表示し、$[\boldsymbol{u}] = [u_1 : u_2]$ は斉次座標を表わすものとする。以下すべて同様の記号を用いる。$[\boldsymbol{u}]$ は射影直線上の点の斉次座標であるから、$\boldsymbol{u} \neq 0$ である。また、これらの点はすべて相異なるので、どの 2 つのベクトルも平

---

[2] 厳密には $cx+d=0$、すなわち $x = -d/c$ においては定義されていない "有理写像" である。一方、射影直線上の変換としては、"一次分数変換" はすべての点で定義されている。このようなところにも射影直線を考える必然性が潜んでいる。

行ではない。この 4 点を表わすのに、これらの 4 つの列ベクトル を並べた 2×4 行列

$$F := \begin{pmatrix} u_1 & v_1 & w_1 & z_1 \\ u_2 & v_2 & w_2 & z_2 \end{pmatrix} = (\boldsymbol{u}, \boldsymbol{v}, \boldsymbol{w}, \boldsymbol{z})$$

を考えるのが便利である。行列 F の最初の 2 列からなる正方行列 $\begin{pmatrix} u_1 & v_1 \\ u_2 & v_2 \end{pmatrix}$ は $\boldsymbol{u}$ と $\boldsymbol{v}$ が平行でないので正則行列である。そこで、その逆行列を A としよう。つまり

$$A = \begin{pmatrix} u_1 & v_1 \\ u_2 & v_2 \end{pmatrix}^{-1} = \frac{1}{\begin{vmatrix} u_1 & v_1 \\ u_2 & v_2 \end{vmatrix}} \begin{pmatrix} v_2 & -v_1 \\ -u_2 & u_1 \end{pmatrix}$$

である。このとき

$$AF = (A\boldsymbol{u}, A\boldsymbol{v}, A\boldsymbol{w}, A\boldsymbol{z}) = \begin{pmatrix} 1 & 0 & w_1' & z_1' \\ 0 & 1 & w_2' & z_2' \end{pmatrix}$$

となっている。つまり射影変換 ρ_A によって、点 $[\boldsymbol{u}], [\boldsymbol{v}]$ はそれぞれ $[1:0], [0:1]$ に写る。前者は射影直線 $\mathbb{P}^1(\mathbb{R})$ におけるただ一つの無限遠点 ∞、後者は実数直線上の原点 0 にあたる。

$w_1' = 0$ または $w_2' = 0$ なら $[w_1' : w_2']$ は無限遠点 $[1:0]$ または原点 $[0:1]$ に一致してしまうので、4 点が相異なるという仮定に反する。したがって w_1' も w_2' も共にゼロではない。そこで $D = \begin{pmatrix} w_1' & 0 \\ 0 & w_2' \end{pmatrix}^{-1}$ とおくと、

$$DAF = \begin{pmatrix} u_1' & 0 & 1 & z_1'' \\ 0 & v_2' & 1 & z_2'' \end{pmatrix}$$

$$u_1' = w_1'^{-1}, \ v_2' = w_2'^{-1}, \ z_1'' = z_1'/w_1', \ z_2'' = z_2'/w_2'$$

となる。このとき最初の 3 点は射影直線上の $[1:0], [0:1], [1:1]$、つまり $\infty, 0, 1$ を表わしているので、結局、射影直線上の相異なる任意の 3 点は $\infty, 0, 1$ に射影変換 ρ_{DA} で写すことができる。どの 3

点も $\infty, 0, 1$ に写すことができるから、任意の 3 点はすべて射影変換で写りあうことがわかるであろう。これで定理 4.1 の証明ができたことになる。

しかし、我々には第 4 の点 $[z_1'' : z_2'']$ が残されているので、この点について考えてみよう。この点を動かすには、最初の 3 点 $\infty, 0, 1$ を動かしてしまうと元も子もないから、この 3 点を動かさないような射影変換を考える必要がある。しかし、次の定理により、そのような射影変換は恒等変換しかないのである。

定理 4.2

射影直線上の相異なる 3 点を動かさないような射影変換は恒等変換である。

[証明] 射影直線上の 3 点 $[1:0], [0:1], [1:1]$ を考えよう。行列 $A = \begin{pmatrix} a & b \\ c & d \end{pmatrix}$ による射影変換をこの 3 点に施すと

$$A \begin{pmatrix} 1 & 0 & 1 \\ 0 & 1 & 1 \end{pmatrix} = \begin{pmatrix} a & b \\ c & d \end{pmatrix} \begin{pmatrix} 1 & 0 & 1 \\ 0 & 1 & 1 \end{pmatrix} = \begin{pmatrix} a & b & a+b \\ c & d & c+d \end{pmatrix}$$

ここで最右辺の行列の最初の列に対応する点 $[a:c]$ は、無限遠点 $[1:0]$ を写した点であり、これが射影変換によって変わらないので $c = 0$、同様にして 2 列目の点 $[0:1]$ について考えると $b = 0$ がわかる。最後に第 3 列を見てみよう。$b = c = 0$ なので、射影変換で $[1:1]$ を写した点は $[a:d]$ に写る。したがって $[1:1] = [a:d]$ だから、つまり $a = d$ かつ $a \neq 0, d \neq 0$ でなければならない。これより A はゼロでないスカラー行列（定数行列）であり、射影変換としては恒等写像になることがわかる。

さて、3 点 $\infty, 0, 1$ は特別な点ではあるが、任意の 3 点はこの $\infty, 0, 1$ に写して考えることができるので、定理 3.13 の証明と同様に考えれば、結局、相異なる任意の 3 点を互いに写しあうことが

可能であることがわかるだろう。 □

すでに述べたように、この定理によって、相異なる 4 点のうち最初の 3 点を動かさないようにしてしまうと、最後の点はもうこれ以上動かしようがない。この点の連比を計算してみると

$$\frac{z_1''}{z_2''} = \frac{z_1'/w_1'}{z_2'/w_2'} = \frac{(v_2z_1 - v_1z_2)/(v_2w_1 - v_1w_2)}{(-u_2z_1 + u_1z_2)/(-u_2w_1 + u_1w_2)}$$

$$= \frac{(v_2z_1 - v_1z_2)(-u_2w_1 + u_1w_2)}{(-u_2z_1 + u_1z_2)(v_2w_1 - v_1w_2)}$$

となるが、さらに行列式で表わすと

$$\frac{z_1''}{z_2''} = \frac{\begin{vmatrix} z_1 & v_1 \\ z_2 & v_2 \end{vmatrix} \cdot \begin{vmatrix} u_1 & w_1 \\ u_2 & w_2 \end{vmatrix}}{\begin{vmatrix} z_1 & u_1 \\ z_2 & u_2 \end{vmatrix} \cdot \begin{vmatrix} v_1 & w_1 \\ v_2 & w_2 \end{vmatrix}}$$

である。右辺は斉次座標の分数式だが、この式は射影直線上の点のみによって決まることがわかる。斉次座標は定数倍しても同じ射影直線上の点を表わしているが、例えば、座標 z_1, z_2 は分母にも分子にも一度ずつ現れており、定数倍しても分母分子で打ち消しあって、式そのものは変わらない。

定義 4.3

射影直線 $\mathbb{P}^1(\mathbb{R})$ 上の 4 点 $[\boldsymbol{u}], [\boldsymbol{v}], [\boldsymbol{w}], [\boldsymbol{z}]$ に対して、

$$\mathrm{cr}(\boldsymbol{u}, \boldsymbol{v}; \boldsymbol{w}, \boldsymbol{z}) = \frac{\begin{vmatrix} u_1 & w_1 \\ u_2 & w_2 \end{vmatrix} \cdot \begin{vmatrix} v_1 & z_1 \\ v_2 & z_2 \end{vmatrix}}{\begin{vmatrix} v_1 & w_1 \\ v_2 & w_2 \end{vmatrix} \cdot \begin{vmatrix} u_1 & z_1 \\ u_2 & z_2 \end{vmatrix}} \tag{4.1}$$

とおき、**複比**と呼ぶ。

複比という言葉を既に耳にしたことがある読者もいるであろう。通常、複比は上のように行列式を用いて表さないので少し面喰ったかもしれないが、定義 4.3 とよく使われている複比の定義が一致することは次のようにして確かめることができる。

4 点 $[\boldsymbol{u}], [\boldsymbol{v}], [\boldsymbol{w}], [\boldsymbol{z}]$ がすべて有限点であるとしよう。このとき $u_2 = v_2 = w_2 = z_2 = 1$ としてもよいので、上の式 (4.1) は

$$\frac{(z_1 - v_1)(u_1 - w_1)}{(z_1 - u_1)(v_1 - w_1)}$$

となる。通常は、この式が u_1, v_1, z_1, w_1 の非調和比あるいは複比と呼ばれているものである。上の行列式を用いた定義では、射影直線上の（無限遠点を含む）一般の 4 点に対して複比が定義されており、有限点の場合の複比の一般化になっている。

いままでの議論をまとめると、次の定理を得る。

定理 4.4

射影直線上の相異なる 4 点が射影変換によって互いに写りあうための必要十分条件は、4 点の複比が一致することである。複比を γ と書くと、射影変換によって 4 点は

$$[1:0], \quad [0:1], \quad [1:1], \quad [\gamma:1]$$

に写すことができる。

注意 4.5 (1) $[1:0], [0:1], [1:1], [\gamma:1]$ は通常の書き方をすればそれぞれ ∞ (無限遠点)$, 0, 1, \gamma$ である。

(2) 相異なる 4 点 $[\boldsymbol{u}], [\boldsymbol{v}], [\boldsymbol{w}], [\boldsymbol{z}]$ に対応する 2×4 行列

$$F = \begin{pmatrix} u_1 & v_1 & w_1 & z_1 \\ u_2 & v_2 & w_2 & z_2 \end{pmatrix}$$

を考えると、上の定理は、必ずしもこの行列に左から 2 次

正則行列 A を掛けることによって

$$AF = \begin{pmatrix} 1 & 0 & 1 & \gamma \\ 0 & 1 & 1 & 1 \end{pmatrix}$$

とできることを**意味しない**。というのも、射影直線上の点を表わす斉次座標はスカラー倍だけの自由度があるからである。したがって、AF の各列を適当にスカラー倍することによって上式の右辺の形の行列にできる。各列をスカラー倍することは右から対角行列を掛けることを意味するので、ある 4 次の対角行列 D を取って

$$AFD = \begin{pmatrix} 1 & 0 & 1 & \gamma \\ 0 & 1 & 1 & 1 \end{pmatrix}$$

とできることは正しい。

演習 4.6 原点を通る 4 本の直線 $\ell_1, \ldots, \ell_4$ を考える。x 軸の正の方向から測った角度をそれぞれ $\theta_1, \ldots, \theta_4$ とするとき、これらの直線が一次変換によって x, y 両軸と $y = x$ および $y = -x$ にこの順序で写されるのは

$$\frac{\sin(\theta_4 - \theta_2)\sin(\theta_3 - \theta_1)}{\sin(\theta_3 - \theta_2)\sin(\theta_4 - \theta_1)} = 2$$

の場合であることを示せ。

[ヒント] 三角関数の等式 $\begin{vmatrix} \cos\alpha & \cos\beta \\ \sin\alpha & \sin\beta \end{vmatrix} = \sin(\beta - \alpha)$ を用いよ。

演習 4.7 4 点の複比を $\gamma = \mathrm{cr}(\boldsymbol{u}, \boldsymbol{v}; \boldsymbol{w}, \boldsymbol{z})$ とおく。
(1) 行列式の性質を用いて次の等式を示せ。

$$\gamma = \mathrm{cr}(\boldsymbol{u}, \boldsymbol{v}; \boldsymbol{w}, \boldsymbol{z}) = \mathrm{cr}(\boldsymbol{v}, \boldsymbol{u}; \boldsymbol{z}, \boldsymbol{w})$$
$$= \mathrm{cr}(\boldsymbol{w}, \boldsymbol{z}; \boldsymbol{u}, \boldsymbol{v}) = \mathrm{cr}(\boldsymbol{z}, \boldsymbol{w}; \boldsymbol{v}, \boldsymbol{u})$$

(2) u, v, w, z の順序を入替えると複比は

$$\gamma, \frac{1}{\gamma}, 1-\gamma, \frac{1}{1-\gamma}, \frac{\gamma}{\gamma-1}, \frac{\gamma-1}{\gamma}$$

の 6 個の値だけを取ることを示せ。

複比はこの他にもおもしろい性質をいろいろと持っている。射影幾何と複比の関係について興味を持った方は [5] をご覧いただきたい。

4.2 射影平面内の点の配置

前節では、射影直線上における点の配置問題と、それらの点が射影変換でどのように写りあうかについて調べた。その過程で、重要な不変量である複比を導いた。しかし、幾何学的には、直線上の点配置はあまり面白いとは言えない。そこで、この節では次元を一つ上げて、射影平面上の点配置を考えてみよう。

射影平面上の点の斉次座標は $[a_1 : a_2 : a_3]$ のように 3 つの成分を持っているのであった。射影直線の場合にそうしたように、この座標をタテベクトルと見て、例えば n 点配置を考えるときには n 本のタテベクトルを並べた $3 \times n$ 行列を考えることにしよう。射影直線の場合を参考にすれば、自然と $n = 5$ のとき、つまり 5 点配置を考えるとスジが良さそうであることが了解されるであろう。

そこで、以下、次の 3×5 行列を考えることにしよう。

$$M = \begin{pmatrix} a_1 & b_1 & c_1 & u_1 & v_1 \\ a_2 & b_2 & c_2 & u_2 & v_2 \\ a_3 & b_3 & c_3 & u_3 & v_3 \end{pmatrix} = (\boldsymbol{a}, \boldsymbol{b}, \boldsymbol{c}, \boldsymbol{u}, \boldsymbol{v})$$

ただし $\boldsymbol{a} = {}^t(a_1, a_2, a_3)$ などはタテベクトルを表わしている。簡単

のために、これら5点は相異なるというだけでなく、どの3点も同一の射影直線上にはない、つまり共線ではないと仮定する。

これら5点の斉次座標をやはり射影変換で動かし、標準的な点に写そう。まず3次の正方行列 $(\boldsymbol{a}, \boldsymbol{b}, \boldsymbol{c})$ を考えると、仮定より3点 $[\boldsymbol{a}], [\boldsymbol{b}], [\boldsymbol{c}]$ が共線ではないので、この行列は正則である。そこで

$$A = (\boldsymbol{a}, \boldsymbol{b}, \boldsymbol{c})^{-1}$$

とおくと、

$$AM = \begin{pmatrix} 1 & 0 & 0 & u_1' & v_1' \\ 0 & 1 & 0 & u_2' & v_2' \\ 0 & 0 & 1 & u_3' & v_3' \end{pmatrix} = (\boldsymbol{e}_1, \boldsymbol{e}_2, \boldsymbol{e}_3, \boldsymbol{u}', \boldsymbol{v}')$$

となる。ここで $\boldsymbol{e}_i$ は i 番目の基本ベクトルである。やはり3点が同一直線上にないという仮定から u_1', u_2', u_3' はゼロでない。

演習 4.8 $\boldsymbol{z} = {}^t(z_1, z_2, z_3)$ とするとき、3点 $[\boldsymbol{e}_1], [\boldsymbol{e}_2], [\boldsymbol{z}]$ が同一直線上にないことから、$z_3 \neq 0$ を導け。

そこで

$$D = \begin{pmatrix} u_1' & 0 & 0 \\ 0 & u_2' & 0 \\ 0 & 0 & u_3' \end{pmatrix}^{-1}$$

とおけば、

$$DAM = \begin{pmatrix} a_1' & 0 & 0 & 1 & v_1'' \\ 0 & b_2' & 0 & 1 & v_2'' \\ 0 & 0 & c_3' & 1 & v_3'' \end{pmatrix} \tag{4.2}$$

となる。このとき、最初の4つの列ベクトルが表わす射影平面上の点は

$$[1:0:0], \quad [0:1:0], \quad [0:0:1], \quad [1:1:1]$$

であって、4点 $[a], [b], [c], [u]$ は、射影変換 ρ_{DA} によってこれらの点に写すことができる。

定理 4.9

射影平面 $\mathbb{P}^2(\mathbb{R})$ の相異なる4点であって、どの3つの点も共線でないような点は、すべて射影変換で写りあう。また、このような4点を動かさない射影変換は恒等変換に限る。

[証明] 上で見たように $\mathbb{P}^2(\mathbb{R})$ の相異なる4点であって、どの3つの点も共線でないような点は、射影変換によって $[1:0:0]$, $[0:1:0], [0:0:1], [1:1:1]$ に写すことができる。そのような4点が二組あったとすると、どちらも $[1:0:0], [0:1:0], [0:0:1]$, $[1:1:1]$ に写すことができるから、これらは互いに写りあう。

また、このような4点を動かさない射影変換を、適当な行列 Λ を用いて ρ_Λ と書いておき、$[1:0:0], [0:1:0], [0:0:1], [1:1:1]$ を変えないという条件を書き下すと、定理4.2と同様にして Λ がスカラー行列であることがわかる。スカラー行列が引き起こす射影変換は恒等変換である。 □

これを直線の配置問題に言い換えると次のようになる。

定理 4.10

射影平面 $\mathbb{P}^2(\mathbb{R})$ 内の相異なる4本の直線であって、どの3本も共点でないようなものは、すべて射影変換で写りあう。また、このような4本の直線を動かさない射影変換は恒等変換に限る。

[証明] 4本の直線を $\ell_1, \ell_2, \ell_3, \ell_4$ として、4つの交点 $P_{12} = \ell_1 \cap \ell_2$, $P_{23} = \ell_2 \cap \ell_3$, $P_{34} = \ell_3 \cap \ell_4$, $P_{41} = \ell_4 \cap \ell_1$ を考える。二組

の直線たちが与えられたとき、これらの4点同士を射影変換によって写すことができる。直線はその直線が通る2点で決まるから、同じ射影変換で直線同士も写りあうことになる。

4本の直線を固定するような射影変換はその交点も固定するので、4つの点を固定する。したがってそのような射影変換は恒等変換しかない。 □

系 4.11

射影平面上の三角形、および四角形は、射影変換によってそれぞれ正三角形および正方形に写すことができる。

要するに射影幾何学を考える限り、三角形は正三角形として一般性を失わない（!）のである。しかし、誤解しやすいのは、2つの三角形の位置関係を考えるときにはこの限りではないということである。一つの三角形はなるほど正三角形に写すことができるが、もう一方の三角形はもはやあまり自由ではない[3]。

この意味で、射影幾何学は個々の図形の性質よりも、図形同士の相対的な位置関係や、交点・接点の数などを研究するのにより適していると言える。

いささか寄り道が長くなったが、式 (4.2) に戻ろう。

$$DAM = \begin{pmatrix} a'_1 & 0 & 0 & 1 & v''_1 \\ 0 & b'_2 & 0 & 1 & v''_2 \\ 0 & 0 & c'_3 & 1 & v''_3 \end{pmatrix} \quad (4.2)$$

まだ行列の最後の列、つまり第5点目の解析が終わっていない。最初の4つの点を変えない射影変換は恒等変換しかないから、第5番目の点はもはや射影変換では変更できず、この点が $\mathbb{P}^2(\mathbb{R})$ 上の5点配置の情報を一手に担っている。ここで与えられた (v''_1, v''_2, v''_3)

---

[3] それでも一つの頂点は相対的に自由な位置に配置できるが。

は斉次座標であるから、その連比だけが意味を持っていることに注意しよう。したがって、例えば第1成分と第3成分との比を取って

$$\frac{v_1''}{v_3''} = \frac{u_3' v_1'}{u_1' v_3'} \tag{4.3}$$

だが、

$$\bm{u}' = A\bm{u}, \quad \bm{v}' = A\bm{v} \quad A = (\bm{a}, \bm{b}, \bm{c})^{-1}$$

なのであった。$|\bm{a}\ \bm{b}\ \bm{c}|$ で3次正方行列 $(\bm{a}, \bm{b}, \bm{c})$ の行列式を表わそう。つまり

$$\begin{aligned}
|\bm{a}\ \bm{b}\ \bm{c}| &= \begin{vmatrix} a_1 & b_1 & c_1 \\ a_2 & b_2 & c_2 \\ a_3 & b_3 & c_3 \end{vmatrix} \\
&= a_1 b_2 c_3 + a_2 b_3 c_1 + a_3 b_1 c_2 \\
&\quad - a_1 b_3 c_2 - a_2 b_1 c_3 - a_3 b_2 c_1
\end{aligned} \tag{4.4}$$

である。行列式についてはいろいろな性質が成り立つが、その性質については §1.3 で詳しく解説した。もっと詳しい性質や n 次の行列式については例えば [3] や [8] を見て欲しい。

補題 4.12

$\bm{u}'$ は次のように行列式を用いて表わされる。

$$\bm{u}' = \frac{1}{|\bm{a}\ \bm{b}\ \bm{c}|} {}^t(|\bm{u}\ \bm{b}\ \bm{c}|, |\bm{a}\ \bm{u}\ \bm{c}|, |\bm{a}\ \bm{b}\ \bm{u}|)$$

[証明] この補題は要するにクラーメル[4]の公式であるが、簡単に証明を与える。線形代数に慣れていない読者は証明をとばしてもよい。

左辺は $A\bm{u}$ であって、両辺共に $\bm{u}$ に関して線形であるから、$\bm{u}$

---

4) Gabriel Cramer (1704-1752).

$= e_i$(基本ベクトル)として証明すれば十分である．同じことであるから $i = 1$ の場合に示そう．

$X = A^{-1} = (\boldsymbol{a}, \boldsymbol{b}, \boldsymbol{c})$ とおいて，X の第 i 行と第 j 列を除いた2次の小行列を X_{ij} と書く．ついでに X の第 (i,j) 成分を x_{ij} のように小文字の x を用いて表すことにしよう．例えば X の第 1 列目は $\boldsymbol{a}$ だから，$a_1 = x_{11}, a_2 = x_{21}, a_3 = x_{31}$ である．さて，$\boldsymbol{u} = \boldsymbol{e}_1$ のとき，

$$(|\boldsymbol{u}\ \boldsymbol{b}\ \boldsymbol{c}|, |\boldsymbol{a}\ \boldsymbol{u}\ \boldsymbol{c}|, |\boldsymbol{a}\ \boldsymbol{b}\ \boldsymbol{u}|) = (|X_{11}|, -|X_{12}|, |X_{13}|)$$

であるから，行列式の第 1 行目に関する余因子展開を用いて

$$\begin{aligned} X \cdot {}^t&(|X_{11}|, -|X_{12}|, |X_{13}|) \\ =\ &{}^t(\sum_{j=1}^{3}(-1)^{1+j}x_{1j}|X_{1j}|, \\ &\qquad \sum_{j=1}^{3}(-1)^{1+j}x_{2j}|X_{1j}|, \sum_{j=1}^{3}(-1)^{1+j}x_{3j}|X_{1j}|) \\ =\ &{}^t(|X|, 0, 0) = |X|\boldsymbol{e}_1 \end{aligned}$$

これが $\boldsymbol{u} = \boldsymbol{e}_1$ の場合の等式を与えている． □

以上の計算から (4.3) 式を行列式を使って書きなおすと，

$$\frac{v_1''}{v_3''} = \frac{u_3'v_1'}{u_1'v_3'} = \frac{|\boldsymbol{a}\ \boldsymbol{b}\ \boldsymbol{u}| \cdot |\boldsymbol{v}\ \boldsymbol{b}\ \boldsymbol{c}|}{|\boldsymbol{u}\ \boldsymbol{b}\ \boldsymbol{c}| \cdot |\boldsymbol{a}\ \boldsymbol{b}\ \boldsymbol{v}|}$$

である．同様にして (4.2) の第 2 成分と第 3 成分との比を取って

$$\frac{v_2''}{v_3''} = \frac{u_3'v_2'}{u_2'v_3'} = \frac{|\boldsymbol{a}\ \boldsymbol{b}\ \boldsymbol{u}| \cdot |\boldsymbol{a}\ \boldsymbol{v}\ \boldsymbol{c}|}{|\boldsymbol{a}\ \boldsymbol{u}\ \boldsymbol{c}| \cdot |\boldsymbol{a}\ \boldsymbol{b}\ \boldsymbol{v}|}$$

となる．この 2 つの式が射影直線上の 4 点の場合の複比と同様に，$\mathbb{P}^2(\mathbb{R})$ 上の 5 点の配置を決める式となる．

以上のことを定理にまとめておこう。以下、(射影) 平面上の点は、どの 3 点も同一直線上にない時に、**一般の点**と呼ぶことにしよう[5]。

定理 4.13

射影平面 $\mathbb{P}^2(\mathbb{R})$ 上の一般の 4 点は互いに射影変換で写りあう。また $\mathbb{P}^2(\mathbb{R})$ 上の一般の 5 点 $[\boldsymbol{a}], [\boldsymbol{b}], [\boldsymbol{c}], [\boldsymbol{u}], [\boldsymbol{v}]$ および $[\boldsymbol{a'}], [\boldsymbol{b'}], [\boldsymbol{c'}], [\boldsymbol{u'}], [\boldsymbol{v'}]$ が射影変換で写りあうための必要十分条件は

$$\frac{|\boldsymbol{a}\ \boldsymbol{b}\ \boldsymbol{u}|\cdot|\boldsymbol{v}\ \boldsymbol{b}\ \boldsymbol{c}|}{|\boldsymbol{u}\ \boldsymbol{b}\ \boldsymbol{c}|\cdot|\boldsymbol{a}\ \boldsymbol{b}\ \boldsymbol{v}|} = \frac{|\boldsymbol{a'}\ \boldsymbol{b'}\ \boldsymbol{u'}|\cdot|\boldsymbol{v'}\ \boldsymbol{b'}\ \boldsymbol{c'}|}{|\boldsymbol{u'}\ \boldsymbol{b'}\ \boldsymbol{c'}|\cdot|\boldsymbol{a'}\ \boldsymbol{b'}\ \boldsymbol{v'}|}$$

および

$$\frac{|\boldsymbol{a}\ \boldsymbol{b}\ \boldsymbol{u}|\cdot|\boldsymbol{a}\ \boldsymbol{v}\ \boldsymbol{c}|}{|\boldsymbol{a}\ \boldsymbol{u}\ \boldsymbol{c}|\cdot|\boldsymbol{a}\ \boldsymbol{b}\ \boldsymbol{v}|} = \frac{|\boldsymbol{a'}\ \boldsymbol{b'}\ \boldsymbol{u'}|\cdot|\boldsymbol{a'}\ \boldsymbol{v'}\ \boldsymbol{c'}|}{|\boldsymbol{a'}\ \boldsymbol{u'}\ \boldsymbol{c'}|\cdot|\boldsymbol{a'}\ \boldsymbol{b'}\ \boldsymbol{v'}|}$$

が成り立つことである。

定義 4.14

上の定理に現れた 2 つの式

$$\mathrm{cr}^{(2)}(\boldsymbol{a}, \boldsymbol{c}; \boldsymbol{b}; \boldsymbol{u}, \boldsymbol{v}) = \frac{|\boldsymbol{a}\ \boldsymbol{b}\ \boldsymbol{u}|\cdot|\boldsymbol{v}\ \boldsymbol{b}\ \boldsymbol{c}|}{|\boldsymbol{u}\ \boldsymbol{b}\ \boldsymbol{c}|\cdot|\boldsymbol{a}\ \boldsymbol{b}\ \boldsymbol{v}|}$$

および

$$\mathrm{cr}^{(2)}(\boldsymbol{b}, \boldsymbol{c}; \boldsymbol{a}; \boldsymbol{u}, \boldsymbol{v}) = \frac{|\boldsymbol{a}\ \boldsymbol{b}\ \boldsymbol{u}|\cdot|\boldsymbol{a}\ \boldsymbol{v}\ \boldsymbol{c}|}{|\boldsymbol{a}\ \boldsymbol{u}\ \boldsymbol{c}|\cdot|\boldsymbol{a}\ \boldsymbol{b}\ \boldsymbol{v}|}$$

を **2 次の複比**と呼ぶ[6]。

---

[5] この用語は特に平面上の 5 点以下の点に対して用いられる。定理 4.17 参照。

定理 4.15

 2 次の複比は射影変換によって変わらない。つまり任意の射影変換 ρ_A に対して $[\boldsymbol{a}'] = \rho_A([\boldsymbol{a}]), [\boldsymbol{b}'] = \rho_A([\boldsymbol{b}]), \dots$ などと書けば $\mathrm{cr}^{(2)}(\boldsymbol{a}, \boldsymbol{c}; \boldsymbol{b}; \boldsymbol{u}, \boldsymbol{v}) = \mathrm{cr}^{(2)}(\boldsymbol{a}', \boldsymbol{c}'; \boldsymbol{b}'; \boldsymbol{u}', \boldsymbol{v}')$ が成り立つ。

この定理によって、複比を用いて表された図形の性質は射影変換で変わらないということがわかる。まるでユークリッド幾何学における距離が合同変換では変わらないことに似ている。そして、射影幾何における図形のさまざまな性質が複比によって表されることになるのである。

[証明] 証明には線形代数学の知識を用いる。不慣れな読者は証明を飛ばして先に進んでもよいだろう。

 正則行列 A を用いて $\boldsymbol{a}' = A\boldsymbol{a}$ 等と表されているが、このとき

$$\det(\boldsymbol{a}', \boldsymbol{b}', \boldsymbol{u}') = \det(A\boldsymbol{a}, A\boldsymbol{b}, A\boldsymbol{u})$$
$$= \det(A \cdot (\boldsymbol{a}, \boldsymbol{b}, \boldsymbol{u})) = \det A \cdot \det(\boldsymbol{a}, \boldsymbol{b}, \boldsymbol{u})$$

が成り立つ。そこで複比の分母・分子の行列式に同じ変形を適用すると分母・分子ともに $(\det A)^2$ の因子が現れ、それがちょうど打ち消し合うことがわかる。　□

演習 4.16　射影直線における複比（定義 4.3）が射影変換で変わらないことを定理 4.15 の証明にならって示せ。

---

6)　本書のみの用語。2 次の 2 は射影平面 $\mathbb{P}^2(\mathbb{R})$ の 2 である。また、この式を一般化された複比と呼ぶこともあるようである。点の順序が入れ替わっているが、ここに挙げた 2 つの式は実質的には同じ式である。

平面上の5点と二次曲線

定理 4.13 の応用として、射影平面上の二次曲線に関する次の定理を証明してみよう。

定理 4.17

射影平面上の一般の5点を通る非退化二次曲線がただ一つ存在する。

[証明] まず一般の5点を任意に取る。すると定理 4.13 で保証されている一意的に決まる射影変換を用いて、この5点を

$$[1:0:0],\ [0:1:0],\ [0:0:1],\ [1:1:1],\ [s:t:1] \quad (4.5)$$

に写すことができる。最後の点は無限遠直線上にはない有限点であるが、通常平面上の（ほとんど）任意の点を表わしている[7]。非退化二次曲線の方程式を

$$ax^2 + by^2 + cz^2 + 2dxy + 2eyz + 2fzx = 0$$

とおくと、最初の3つの点をこの曲線が通ることから $a = b = c = 0$ がわかる。さらに $[1:1:1]$ および $[s:t:1]$ を通ることから

$$\begin{cases} d + e + f = 0 \\ dst + et + fs = 0 \end{cases} \quad (4.6)$$

が成り立つ。この式を e, f についての連立方程式とみなす。ここで5点が一般の点であることから、$s \neq t$ に注意する。実際、下記の演習問題からわかるように $s = t$ なら5点のうち3点が一直線上にあり、"一般の点"とは呼べない。

---

7) 下記演習問題 4.18 参照

演習 4.18 もし $s = t$ なら、3点 $[0:0:1], [1:1:1], [s:t:1]$ は同一直線上にある（共線である）ことを示せ。この直線の方程式はどのように与えられるか？

式 (4.6) を行列を用いて書きなおすと

$$\begin{pmatrix} 1 & 1 \\ t & s \end{pmatrix} \begin{pmatrix} e \\ f \end{pmatrix} = -d \begin{pmatrix} 1 \\ st \end{pmatrix},$$

$$\therefore \begin{pmatrix} e \\ f \end{pmatrix} = -d \begin{pmatrix} 1 & 1 \\ t & s \end{pmatrix}^{-1} \begin{pmatrix} 1 \\ st \end{pmatrix} = \frac{d}{s-t} \begin{pmatrix} st - s \\ t - st \end{pmatrix}$$

である。この式を最初の二次曲線の式に代入して、$d \neq 0$ としてよいから両辺を d で割ると、

$$(s-t)xy + s(t-1)yz + t(1-s)zx = 0 \qquad (4.7)$$

となる。ここで xy, yz, zx の係数はすべてゼロではないことが演習 4.18 とまったく同様にしてわかるから、この二次曲線は s, t によって決まってしまう。この (4.7) 式で表わされた二次曲線は非退化であることに注意しておく。実際、もし退化していれば、二重直線や 2 直線の和になっているはずであり、そのときは与えられた 5 点が一般の点であることに反する。このとき、定理 4.13 で与えられた高次の複比は

$$\frac{|a\ b\ u| \cdot |v\ b\ c|}{|u\ b\ c| \cdot |a\ b\ v|} = s \text{ および } \frac{|a\ b\ u| \cdot |a\ v\ c|}{|a\ u\ c| \cdot |a\ b\ v|} = t$$

となっている。ただし証明の冒頭で与えた、式 (4.5) に現れる 5 点を順に $[a], [b], [c], [u], [v]$ と書いた。

このようにして二次曲線の係数は 5 点の情報だけから完全に決まり、そのような曲線はただ一つである。 □

高次の複比を用いて一般の 5 点を通る二次曲線の方程式を表すと、

$$|a\ b\ u|\ |a\ b\ v|\begin{vmatrix}|a\ u\ c| & |u\ b\ c| \\ |a\ v\ c| & |v\ b\ c|\end{vmatrix}|x\ b\ c|\ |a\ x\ c|$$

$$+\ |u\ b\ c|\ |v\ b\ c|\begin{vmatrix}|a\ b\ u| & |a\ u\ c| \\ |a\ b\ v| & |a\ v\ c|\end{vmatrix}|a\ x\ c|\ |a\ b\ x|$$

$$+\ |a\ u\ c|\ |a\ v\ c|\begin{vmatrix}|u\ b\ c| & |a\ b\ u| \\ |v\ b\ c| & |a\ b\ v|\end{vmatrix}|a\ b\ x|\ |x\ b\ c|$$

$$=0$$

の形になることが同様の方針で証明できる。ただし $\boldsymbol{x} = {}^t(x,y,z)$ は二次式の変数を表わす。この式を見れば、二次曲線が確かに 5 点 $[\boldsymbol{a}], [\boldsymbol{b}], [\boldsymbol{c}], [\boldsymbol{u}], [\boldsymbol{v}]$ によって決まっていることがよくわかるであろう。

上の式はかなり複雑であるが、定理 4.17 を知った後では非退化円錐曲線の方程式は次のように簡単に書くことも出来る。

定理 4.19

一般の 5 点 $[\boldsymbol{a}], [\boldsymbol{b}], [\boldsymbol{c}], [\boldsymbol{d}], [\boldsymbol{v}]$ を通る円錐曲線の方程式は

$$\mathrm{cr}^{(2)}(\boldsymbol{a},\boldsymbol{b};\boldsymbol{x};\boldsymbol{c},\boldsymbol{d}) = \mathrm{cr}^{(2)}(\boldsymbol{a},\boldsymbol{b};\boldsymbol{v};\boldsymbol{c},\boldsymbol{d})$$

で与えられる。複比を行列式を用いて表すと方程式は次のようになる。

$$\frac{|a\ x\ c|\cdot|d\ x\ b|}{|c\ x\ b|\cdot|a\ x\ d|} = \frac{|a\ v\ c|\cdot|d\ v\ b|}{|c\ v\ b|\cdot|a\ v\ d|} \qquad (4.8)$$

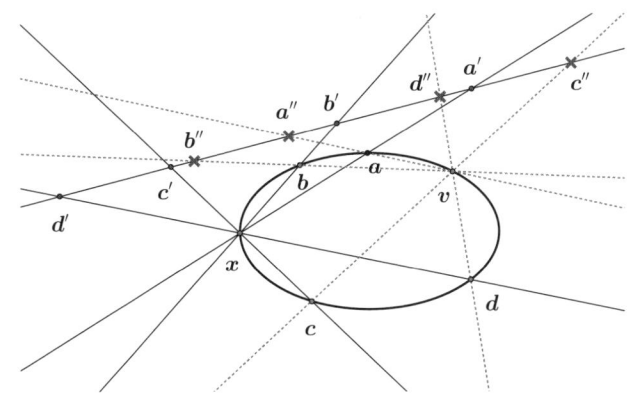

図 4-2　直線への点射影による 2 次の複比と直線上の複比

[証明]　式 (4.8) の分母を払うと

$$|c\ v\ b| \cdot |a\ v\ d| \cdot |a\ x\ c| \cdot |d\ x\ b|$$
$$= |a\ v\ c| \cdot |d\ v\ b| \cdot |c\ x\ b| \cdot |a\ x\ d| \quad (4.9)$$

となる。これが二次式になっていることはすぐにわかるであろう。5 点が一般の位置にあれば、この二次式は恒等的にゼロではないことも容易に確かめられる（演習 4.20 参照）。したがってこの方程式は二次曲線を定義する。

　一方、この式において $x = a$ とおくと、行列式 $|a\ x\ c|$ および $|a\ x\ d|$ の 2 つの列が等しくなるので、両辺ともに 0 となる。同様にして $x = b, c, d$ の場合にも両辺ともに 0 となり、方程式は成り立つ。さらに $x = v$ とすると両辺は同一の式となり、(4.9) はやはり成り立つ。したがって、この二次曲線は与えられた 5 点を通るが、そのような二次曲線は定理 4.17 により一つしかない。　□

演習 4.20 式 (4.9) が恒等式ではないことを次のようにして確かめよ。まず、式 (4.9) が射影変換で不変であることから、5 点 $[\boldsymbol{a}]$, $[\boldsymbol{b}]$, $[\boldsymbol{c}]$, $[\boldsymbol{d}]$, $[\boldsymbol{v}]$ を式 (4.5) のように取ってよい。このとき、具体的に計算することによって両辺が確かに恒等式でないことを確かめよ。また、5 点が相異なるという条件がどのように使われたか考えよ。

[答. 式 (4.9) は $s(t-1)y(x-z) = t(s-1)x(y-z)$ となる。この式が恒等式となるのは $s(t-1) = t(s-1) = 0$ となる場合だが、この式が成り立つことと $[\boldsymbol{v}]$ が $[\boldsymbol{a}], [\boldsymbol{b}], [\boldsymbol{c}], [\boldsymbol{d}]$ の一つと一致することは同値である。]

演習 4.21 射影平面上の一般の 4 点は互いに写りあうことがわかったので、デザルグの定理の別証明を考えてみよう。まず、定理の記号のもとに、4 点 B, C, B', C' を正方形の 4 頂点に写す。このとき、仮定より直線 AA' は直線 BC (あるいは $B'C'$) と垂直であることを結論し、定理を初等的に証明せよ。

[答. 定理 2.2 の記号を用いる。BB' と CC' は平行なので、これらは無限遠点 O で交わっている。AA' もこの点を通る（3 本の直線が共点である）というのが仮定であったから $AA' \parallel BB' \parallel CC'$ である。このとき、直線 PR は $BC \parallel B'C'$ と平行であることが容易に示せる。一方 Q は $BC, B'C'$ の交点である無限遠点であるが、PR はこの無限遠点を通る。]

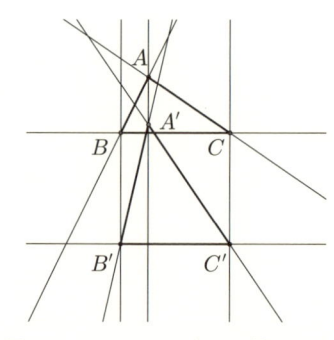

図 4-3 デザルグの定理の特別な場合

演習 4.22 射影平面上の一般の位置にある 5 点は射影変換によって単位円周上に写すことができることを示せ。

4.3 直線上の 4 点の配置

　この節では複比の幾何学的な意味の考察をもう少し続けることにする。前節では、射影平面上の一般の位置にある 4 点が射影変換によってたがいに写りあうことを示した（定理 4.9）。一般の位置ではないような 4 点のうち、一番退化した状態にあるのはそれらが共線、つまりある直線 ℓ 上にある場合であろう。このときは、4 点は射影直線上にあり、射影直線上の 4 点は"複比"が等しければ（射影直線上の）射影変換によって写りあうはずである（定理 4.4 参照）。ところが、我々の 4 点は射影平面上にあるので、§4.1 の複比の定義はそのままでは使えない。そこで、まず射影平面内の共線であるような 4 点の複比を定義することから始めよう。

　射影平面 $\mathbb{P}^2(\mathbb{R})$ 上に 4 点 $[\boldsymbol{a}], [\boldsymbol{b}], [\boldsymbol{u}], [\boldsymbol{v}]$ を取り、これらが共線であるとする。ここで $[\boldsymbol{a}]$ は列ベクトル $\boldsymbol{a} = {}^t(a_1, a_2, a_3)$ に対して、斉次座標 $[a_1 : a_2 : a_3]$ を持つ $\mathbb{P}^2(\mathbb{R})$ の点を指す。4 点 $[\boldsymbol{a}], [\boldsymbol{b}], [\boldsymbol{u}], [\boldsymbol{v}]$ は共線であるから、ある（射影）直線 ℓ 上に載っているが、ℓ 上にない任意の点 $[\boldsymbol{p}]$ を取り

$$\mathrm{cr}(\boldsymbol{a}, \boldsymbol{b}; \boldsymbol{u}, \boldsymbol{v})_{\boldsymbol{p}} = \frac{|\boldsymbol{v}\ \boldsymbol{b}\ \boldsymbol{p}| \cdot |\boldsymbol{a}\ \boldsymbol{u}\ \boldsymbol{p}|}{|\boldsymbol{u}\ \boldsymbol{b}\ \boldsymbol{p}| \cdot |\boldsymbol{a}\ \boldsymbol{v}\ \boldsymbol{p}|} \tag{4.10}$$

とおく。右辺に現れる $|\boldsymbol{v}\ \boldsymbol{b}\ \boldsymbol{p}|$ などは前節同様、3 次の行列式 $\det(\boldsymbol{v}, \boldsymbol{b}, \boldsymbol{p})$ を表わしている。このとき、次の補題が成り立つ。

補題 4.23

式 (4.10) で定義された $\mathrm{cr}(\boldsymbol{a},\boldsymbol{b};\boldsymbol{u},\boldsymbol{v})_{\boldsymbol{p}}$ は直線外の点 $\boldsymbol{p}$ の取り方に依らない。

[証明] この証明も線形代数学の知識を仮定する。慣れない読者は飛ばして先を読み進めてもかまわないであろう。

4 点 $[\boldsymbol{a}],[\boldsymbol{b}],[\boldsymbol{u}],[\boldsymbol{v}]$ と共線でないもう一つの点 $[\boldsymbol{q}]$ を取り、

$$\mathrm{cr}(\boldsymbol{a},\boldsymbol{b};\boldsymbol{u},\boldsymbol{v})_{\boldsymbol{p}} = \mathrm{cr}(\boldsymbol{a},\boldsymbol{b};\boldsymbol{u},\boldsymbol{v})_{\boldsymbol{q}}$$

を示そう。点 $[\boldsymbol{a}],[\boldsymbol{b}],[\boldsymbol{p}]$ は同一直線上にないから、$\boldsymbol{a},\boldsymbol{b},\boldsymbol{p}$ は $\mathbb{R}^3$ の基底である。そこで、$\boldsymbol{q} = \boldsymbol{p} + \lambda\boldsymbol{a} + \mu\boldsymbol{b}$ ($\lambda,\mu \in \mathbb{R}$) と表わすことができる[8]。この時、行列式の線形性によって

$$|\boldsymbol{v}\ \boldsymbol{b}\ \boldsymbol{q}| = |\boldsymbol{v}\ \boldsymbol{b}\ (\boldsymbol{p}+\lambda\boldsymbol{a}+\mu\boldsymbol{b})|$$
$$= |\boldsymbol{v}\ \boldsymbol{b}\ \boldsymbol{p}| + \lambda|\boldsymbol{v}\ \boldsymbol{b}\ \boldsymbol{a}| + \mu|\boldsymbol{v}\ \boldsymbol{b}\ \boldsymbol{b}|$$

であるが、$[\boldsymbol{a}],[\boldsymbol{b}],[\boldsymbol{v}]$ は共線だから $|\boldsymbol{v}\ \boldsymbol{b}\ \boldsymbol{a}| = 0$ であり、また平行な 2 つのベクトルを列に持つ行列式は $|\boldsymbol{v}\ \boldsymbol{b}\ \boldsymbol{b}| = 0$ とゼロになるので、

$$(\text{上式}) = |\boldsymbol{v}\ \boldsymbol{b}\ \boldsymbol{p}|$$

となることがわかる。つまり $|\boldsymbol{v}\ \boldsymbol{b}\ \boldsymbol{p}|$ で考えても $|\boldsymbol{v}\ \boldsymbol{b}\ \boldsymbol{q}|$ で考えてもその値は同じである。他の因子もまったく同様にして $\boldsymbol{q}$ で置き換えることができる。 □

射影変換によって直線 ℓ を無限遠直線に写すと 4 点の z 座標はすべてゼロとなるから、z 座標を無視して xy 座標のみを考えることにより $\mathbb{P}^1(\mathbb{R})$ 上の点とみなすことができる。また直線外の点と

---

[8] $[\boldsymbol{q}]$ は射影平面上の点なので、$\boldsymbol{q}$ を定数倍しても同じ点を表わす。もし $\boldsymbol{p}$ の成分が現われなければ、$[\boldsymbol{q}]$ は $[\boldsymbol{a}],[\boldsymbol{b}]$ と共線であるから仮定に反する。したがって $\boldsymbol{p}$ の係数はゼロではない。

して $[\boldsymbol{p}] = [0:0:1]$ を取ると、

$$\mathrm{cr}(\boldsymbol{a},\boldsymbol{b};\boldsymbol{u},\boldsymbol{v})_{\boldsymbol{p}} = \frac{\begin{vmatrix} v_1 & b_1 & 0 \\ v_2 & b_2 & 0 \\ 0 & 0 & 1 \end{vmatrix} \cdot \begin{vmatrix} a_1 & u_1 & 0 \\ a_2 & u_2 & 0 \\ 0 & 0 & 1 \end{vmatrix}}{\begin{vmatrix} u_1 & b_1 & 0 \\ u_2 & b_2 & 0 \\ 0 & 0 & 1 \end{vmatrix} \cdot \begin{vmatrix} a_1 & v_1 & 0 \\ a_2 & v_2 & 0 \\ 0 & 0 & 1 \end{vmatrix}} = \frac{\begin{vmatrix} v_1 & b_1 \\ v_2 & b_2 \end{vmatrix} \cdot \begin{vmatrix} a_1 & u_1 \\ a_2 & u_2 \end{vmatrix}}{\begin{vmatrix} u_1 & b_1 \\ u_2 & b_2 \end{vmatrix} \cdot \begin{vmatrix} a_1 & v_1 \\ a_2 & v_2 \end{vmatrix}}$$

となって、この式は、すでに式 (4.1) で定義した射影直線上の 4 点の複比に他ならない。上の補題によって $\mathrm{cr}(\boldsymbol{a},\boldsymbol{b};\boldsymbol{u},\boldsymbol{v})_{\boldsymbol{p}}$ は $\boldsymbol{p}$ の取り方に依らないから（$\boldsymbol{p}$ が必要ない時には）単に $\mathrm{cr}(\boldsymbol{a},\boldsymbol{b};\boldsymbol{u},\boldsymbol{v})$ と表わし、$\mathbb{P}^2(\mathbb{R})$ 上の 4 点 $[\boldsymbol{a}],[\boldsymbol{b}],[\boldsymbol{u}],[\boldsymbol{v}]$ の複比と呼ぶ。複比は定理 4.15 でも示したように射影変換によって変わらない量である。

前節では射影平面上の一般の位置にある 5 点に対する高次の複比を考えたが、このうちの 4 点が同一直線上にある場合には 2 次の複比 $\mathrm{cr}^{(2)}(\boldsymbol{a},\boldsymbol{b};\boldsymbol{p};\boldsymbol{u},\boldsymbol{v})$ はいま定義された複比 $\mathrm{cr}(\boldsymbol{a},\boldsymbol{b};\boldsymbol{u},\boldsymbol{v})_{\boldsymbol{p}}$ に一致することが容易に確かめられる。つまり高次の複比が退化したものが射影平面内の射影直線上にある 4 点に対する複比である。

このように定義された（退化した）複比が射影平面においてどのような意味を持っているかは、次の定理を見ればわかるであろう。

定理 4.24

射影平面 $\mathbb{P}^2(\mathbb{R})$ 上の 2 直線 ℓ_1, ℓ_2 を考える。ℓ_1 および ℓ_2 上の相異なる 4 点の組

$[\boldsymbol{a}],[\boldsymbol{b}],[\boldsymbol{u}],[\boldsymbol{v}] \in \ell_1$ および $[\boldsymbol{a}'],[\boldsymbol{b}'],[\boldsymbol{u}'],[\boldsymbol{v}'] \in \ell_2$

を取る。このとき、$[\boldsymbol{a}]$ と $[\boldsymbol{a}']$ を通る直線 m_1、同様に $[\boldsymbol{b}]$ と $[\boldsymbol{b}']$ を通る直線 m_2、$[\boldsymbol{u}]$ と $[\boldsymbol{u}']$ を通る直線 m_3、$[\boldsymbol{v}]$ と $[\boldsymbol{v}']$ を通る直線 m_4 を考えよう。

(1) 4本の直線 m_1, m_2, m_3, m_4 が共点ならば 4 点の複比は一致する。つまり

$$\mathrm{cr}(\boldsymbol{a}, \boldsymbol{b}; \boldsymbol{u}, \boldsymbol{v}) = \mathrm{cr}(\boldsymbol{a}', \boldsymbol{b}'; \boldsymbol{u}', \boldsymbol{v}')$$

が成り立つ。

(2) 3本の直線 m_1, m_2, m_3 が共点であると仮定する。このとき、4本の直線 m_1, m_2, m_3, m_4 が共点であることと 4 点の複比が一致することは同値である。

(3) $\boldsymbol{v} = \boldsymbol{v}'$ であって、この点が ℓ_1, ℓ_2 の交点であると仮定する。このとき 3 本の直線 m_1, m_2, m_3 が共点であることと 4 点の複比が一致することは同値である。

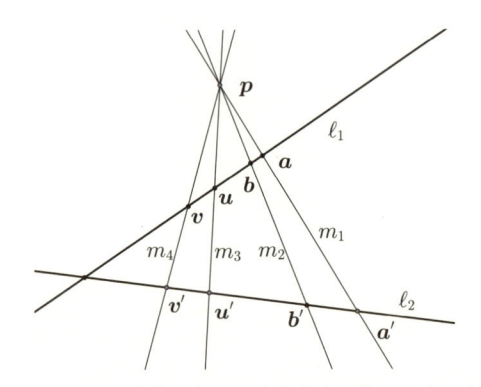

図 4-4 2 組の共線である 4 点と共点である 4 本の直線

[証明] (1) 4 本の直線が共点であれば、複比が等しいことを示そう。4 本の直線の交点を $[\boldsymbol{p}]$ と書く。すると仮定より $[\boldsymbol{a}], [\boldsymbol{a}'], [\boldsymbol{p}]$ は共線、つまり同一直線上にあるから、$\boldsymbol{a}' = \lambda_1 \boldsymbol{a} + \mu_1 \boldsymbol{p}$ と表すことができる。3 点は相異なるので $\lambda_1 \neq 0, \mu_1 \neq 0$ であることに注意しよう。同様に

$$b' = \lambda_2 b + \mu_2 p$$
$$u' = \lambda_3 u + \mu_3 p$$
$$v' = \lambda_4 v + \mu_4 p$$

と書ける。したがって、例えば

$$|v'\ b'\ p| = |(\lambda_4 v + \mu_4 p)\ (\lambda_2 b + \mu_2 p)\ p| = \lambda_4 \lambda_2 |v\ b\ p|$$

である。ここで、行列式の線形性と性質 $|v\ p\ p| = 0$（3つの列ベクトルのうち重複するものがあれば行列式はゼロ）を用いた。同様の計算により

$$\begin{aligned}\mathrm{cr}(a', b'; u', v') &= \frac{|v'\ b'\ p| \cdot |a'\ u'\ p|}{|u'\ b'\ p| \cdot |a'\ v'\ p|} \\ &= \frac{\lambda_4 \lambda_2 |v\ b\ p| \cdot \lambda_1 \lambda_3 |a\ u\ p|}{\lambda_3 \lambda_2 |u\ b\ p| \cdot \lambda_1 \lambda_4 |a\ v\ p|} \\ &= \mathrm{cr}(a, b; u, v)\end{aligned}$$

となり、複比は等しい。

(2) 3本の直線の交点をやはり $[p]$ で表す。4本の直線が共点であれば複比が等しいことは(1)とまったく同様なので、逆を示そう。つまり複比が等しければ、4本の直線が共点であることを示したい。

共点や共線であるという性質は射影変換で変わらないから、まず $[a'], [b'], [p]$ を射影変換で $[1:0:0], [0:1:0], [0:0:1]$ に写す。そうすると、残りの点 $[u'], [v']$ は $[a'], [b']$ と共線であるから、無限遠直線上の点である。したがって

$$(a', b', u', v', p) = \begin{pmatrix} 1 & 0 & * & * & 0 \\ 0 & 1 & * & * & 0 \\ 0 & 0 & 0 & 0 & 1 \end{pmatrix}$$

となっている。次に xy 成分だけに射影変換を施すことによって

$$(\boldsymbol{a}', \boldsymbol{b}', \boldsymbol{u}', \boldsymbol{v}', \boldsymbol{p}) = \begin{pmatrix} 1 & 0 & 1 & \gamma & 0 \\ 0 & 1 & 1 & 1 & 0 \\ 0 & 0 & 0 & 0 & 1 \end{pmatrix} \qquad (4.11)$$

として一般性を失わない（定理 4.4 参照）。このとき ℓ_2 は無限遠直線であって、$\gamma = \mathrm{cr}(\boldsymbol{a}', \boldsymbol{b}'; \boldsymbol{u}', \boldsymbol{v}')$ は複比である。

さて、$[\boldsymbol{a}], [\boldsymbol{a}'], [\boldsymbol{p}]$ は共線であるから、

$$\boldsymbol{a} = \lambda_1 \boldsymbol{a}' + \mu_1 \boldsymbol{p} = {}^t(\lambda_1, 0, \mu_1)$$

と表わされる。ここで $\lambda_1 = 0$ なら $[\boldsymbol{a}] = [\boldsymbol{p}]$ となってしまうから、$\lambda_1 \neq 0$ である。したがって、斉次座標を考えると $[\boldsymbol{a}] = [\lambda_1 : 0 : \mu_1] = [1 : 0 : \mu_1/\lambda_1]$ である。そこで最初から $\boldsymbol{a} = {}^t(1, 0, a_3)$ としてよい。同様に考えると

$$\boldsymbol{b} = \lambda_2 \boldsymbol{b}' + \mu_2 \boldsymbol{p} = {}^t(0, \lambda_2, \mu_2)$$

であることから、斉次座標を取りかえることで $\boldsymbol{b} = {}^t(0, 1, b_3)$ としてよい。さらに $[\boldsymbol{u}]$ についても全く同じ議論で $\boldsymbol{u} = {}^t(1, 1, u_3)$ と仮定して一般性を失わない。これをまとめると

$$(\boldsymbol{a}, \boldsymbol{b}, \boldsymbol{u}, \boldsymbol{v}, \boldsymbol{p}) = \begin{pmatrix} 1 & 0 & 1 & v_1 & 0 \\ 0 & 1 & 1 & v_2 & 0 \\ a_3 & b_3 & u_3 & v_3 & 1 \end{pmatrix}$$

であるが、複比が等しいという仮定から

$$\gamma = \mathrm{cr}(\boldsymbol{a}, \boldsymbol{b}; \boldsymbol{u}, \boldsymbol{v})_{\boldsymbol{p}} = \frac{\begin{vmatrix} v_1 & 0 & 0 \\ v_2 & 1 & 0 \\ v_3 & b_3 & 1 \end{vmatrix} \cdot \begin{vmatrix} 1 & 1 & 0 \\ 0 & 1 & 0 \\ a_3 & u_3 & 1 \end{vmatrix}}{\begin{vmatrix} 1 & 0 & 0 \\ 1 & 1 & 0 \\ u_3 & b_3 & 1 \end{vmatrix} \cdot \begin{vmatrix} 1 & v_1 & 0 \\ 0 & v_2 & 0 \\ a_3 & v_3 & 1 \end{vmatrix}} = \frac{v_1}{v_2}$$

となり、斉次座標を定数倍して $[\boldsymbol{v}] = [\gamma : 1 : v_3]$ としてよい。このとき $\boldsymbol{v} = \boldsymbol{v}' + v_3 \boldsymbol{p}$ となるから、3 点 $[\boldsymbol{v}], [\boldsymbol{v}'], [\boldsymbol{p}]$ は共線である。この直線は m_4 に他ならず、それが 3 本の直線の交点 $[\boldsymbol{p}]$ を通るか

ら、m_1, m_2, m_3, m_4 は共通の交点 $[\bm{p}]$ を持つ。

(3) これも、複比が等しい場合に 3 直線が共点であることを示せばよい。そこで m_1, m_2 の交点を $[\bm{p}]$ とする。さらに (2) と同様に射影変換を行って、点 $[\bm{a}'], [\bm{b}'], [\bm{u}'], [\bm{v}']$ は式 (4.11) の形になっているとしてよい。また、仮定から $[\bm{v}] = [\bm{v}']$ である。このとき、(2) とまったく同様にして、$\bm{a} = {}^t(1, 0, a_3)$ および $\bm{b} = {}^t(0, 1, b_3)$ とできることがわかる。まとめると

$$(\bm{a}, \bm{b}, \bm{u}, \bm{v}, \bm{p}) = \begin{pmatrix} 1 & 0 & u_1 & \gamma & 0 \\ 0 & 1 & u_2 & 1 & 0 \\ a_3 & b_3 & u_3 & 0 & 1 \end{pmatrix}$$

であるが、複比が等しいという仮定から

$$\gamma = \mathrm{cr}(\bm{a}, \bm{b}; \bm{u}, \bm{v})_{\bm{p}} = \frac{\begin{vmatrix} \gamma & 0 & 0 \\ 1 & 1 & 0 \\ 0 & b_3 & 1 \end{vmatrix} \cdot \begin{vmatrix} 1 & u_1 & 0 \\ 0 & u_2 & 0 \\ a_3 & u_3 & 1 \end{vmatrix}}{\begin{vmatrix} u_1 & 0 & 0 \\ u_2 & 1 & 0 \\ u_3 & b_3 & 1 \end{vmatrix} \cdot \begin{vmatrix} 1 & \gamma & 0 \\ 0 & 1 & 0 \\ a_3 & 0 & 1 \end{vmatrix}} = \gamma \frac{u_2}{u_1} \quad (4.12)$$

である。式 (4.11) において $[\bm{b}']$ と $[\bm{v}']$ は異なる点であるから、$\gamma \neq 0$ であって、上式 (4.12) の両辺を γ で割ると $u_1 = u_2$ を得る。したがって、斉次座標を定数倍して $[\bm{u}] = [1 : 1 : u_3]$ としてよい。このとき 3 点 $[\bm{u}], [\bm{u}'], [\bm{p}]$ は共線であり、この共通の直線が m_3 に一致するので、m_3 もまた $[\bm{p}]$ を通る。 □

上の定理において、4 直線 m_1, m_2, m_3, m_4 が共点であるとき、4 点の組 $[\bm{a}], [\bm{b}], [\bm{u}], [\bm{v}]$ と $[\bm{a}'], [\bm{b}'], [\bm{u}'], [\bm{v}']$ は**配景的な位置にある**という。これは m_1, m_2, m_3, m_4 の交点 $[\bm{p}]$ に点光源を置いて、その光による射影変換で 4 点同士が写りあうということを意味している。射影変換によって複比は変化しないから、その意味で、配景的な位置にあれば複比が一致するのはいわば当たり前のことなのである。

4.4 点と直線

　射影平面上の一般の位置にある4点が写りあうことはすでに示したが、一般ではなく、特殊な位置にある4点ではどうであろうか？　すでに述べたように4点が共線ならば、これは射影直線上の4点を考えることとほぼ同じで、4点の配置を決めるには複比が必要になる。したがって、共線関係にある4点を互いに自由に写しあうことは不可能であり、複比が等しいときに限って互いに写りあう。

　そこで、唯一残った場合、つまり4点のうち3点がある直線 ℓ 上にあり、あと1点がこの直線外の点の場合を考えてみよう。

定理 4.25

　射影平面上の4点で、そのうち3点 a_1, a_2, a_3 が同一直線 ℓ 上にあり、残りの一点 b は ℓ に含まれていないとする。同様に3点 a'_1, a'_2, a'_3 が直線 ℓ' 上にあり、b' が ℓ' に含まれていないような4点を取ると、ある射影変換 ρ_A が存在して、$\rho_A(a_i) = a'_i\ (1 \leq i \leq 3)$ および $\rho_A(b) = b'$ とできる。つまりこのような4点はすべて互いに射影変換によって写りあう。

[証明]　4点 $\{a_1, a_2, a_3, b\}$ が $[1:0:0], [0:1:0], [1:1:0], [0:0:1]$ に写せることを示せば十分である。最初の3点は無限遠直線上にあるので、このとき ℓ は必然的に無限遠直線に写る。

　定理4.9により共線でない任意の3点は互いに写りあうから、a_1, a_2, b を選んで、これらを射影変換によって写し、最初から

$$a_1 = [1:0:0], \quad a_2 = [0:1:0], \quad b = [0:0:1]$$

としてよい。このとき、残りの点 a_3 は a_1, a_2 と同じ無限遠直線

上にあるから、$a_3 = [s:t:0]$ と書ける。a_3 は a_1, a_2 と異なるので、$s, t \neq 0$ であることに注意する。

そこで射影変換を対角行列
$$A = \begin{pmatrix} s^{-1} & & \\ & t^{-1} & \\ & & 1 \end{pmatrix}$$

を用いて決めると ρ_A は a_1, a_2, b を動かさず、$\rho_A(a_3) = [1:1:0]$ を満たすことがわかる。 □

演習 4.26 射影平面内の直線 ℓ を考える。ℓ 上の相異なる3点を動かさない射影変換 ρ_A は ℓ 上のほかの点もすべて動かさないことを示せ。このとき ρ_A は射影平面上の恒等変換であるか？

[ヒント] ℓ が x 軸で、3点が $(0,0), (1,0), \infty$ (∞ は x 軸上の無限遠点) の場合に考えてみよ。

[答. ρ_A は必ずしも恒等変換とは限らない。例えば $A = \begin{pmatrix} 1 & a & 0 \\ 0 & b & 0 \\ 0 & c & 1 \end{pmatrix}$ とおくと、ρ_A は x 軸上の3点 $[0:0:1], [1:0:1], [1:0:0]$ を動かさない。]

🌰 直線束と複比

射影平面 $\mathbb{P}^2(\mathbb{R})$ 上の点 P を通る直線の全体を、点 P を中心とする**直線束**と呼ぶ[9]。

もし P が有限平面上の原点であれば、この定義は、射影直線 $\mathbb{P}^1(\mathbb{R})$ の定義の一つとほぼ同じであることに気がつかれるであろう (まとめ3.3参照)。異なっているのは、実平面 $\mathbb{R}^2$ の直線を考える代わりに射影平面 $\mathbb{P}^2(\mathbb{R})$ 上の直線を考えている点であるが、実平

---

[9] 英語では pencil of lines という。多様体論などで使われる直線束 (line bundle) とは異なる概念。

面に現れない唯一の直線は無限遠直線だけであるから、原点を通る直線の全体は実平面上で考えても射影平面上で考えても同じである。したがって、点 P を中心とする直線束は射影直線の構造を持つ。

実際、P を有限平面における原点 $[0:0:1]$ とすると、P を通る直線は無限遠直線とただ一点で交わるから、直線束を構成する直線と無限遠直線上の点とが一対一に対応する。無限遠直線自身は $\mathbb{P}^1(\mathbb{R})$ とみなすことができるのであった。

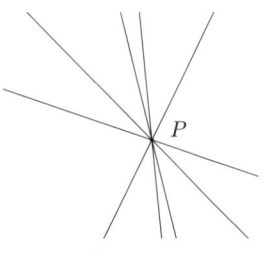

図 4-5 点 P を中心とする直線束

射影直線上の 4 点には複比が対応しているので、直線束に属する直線にも複比を対応させることができるはずである。そこで、共点関係にある 4 本の直線が与えられたとき、その複比を次のように定義することにしよう。

点 P を中心とする直線束に属する相異なる 4 本の直線を取り m_1, m_2, m_3, m_4 とする。また P を通らない直線を一つとってそれを ℓ としよう。m_i $(1 \leq i \leq 4)$ と ℓ との交点を $\boldsymbol{a}_1, \boldsymbol{a}_2, \boldsymbol{a}_3, \boldsymbol{a}_4$ とする。このとき、**4 直線の複比**を

$$\mathrm{cr}(m_1, m_2; m_3, m_4) = \mathrm{cr}(\boldsymbol{a}_1, \boldsymbol{a}_2; \boldsymbol{a}_3, \boldsymbol{a}_4)_P \qquad (4.13)$$

で決めよう。このように決めた直線の複比は直線 ℓ の取り方によらない。実際、別の直線 ℓ' を取って m_i $(1 \leq i \leq 4)$ たちとの交点を $\boldsymbol{a}'_1, \boldsymbol{a}'_2, \boldsymbol{a}'_3, \boldsymbol{a}'_4$ とする。直線 $\{m_i\ (1 \leq i \leq 4)\}$ は共点であるから、定理 4.24 によって

$$\mathrm{cr}(\boldsymbol{a}_1, \boldsymbol{a}_2; \boldsymbol{a}_3, \boldsymbol{a}_4)_P = \mathrm{cr}(\boldsymbol{a}'_1, \boldsymbol{a}'_2; \boldsymbol{a}'_3, \boldsymbol{a}'_4)_P$$

である。

定理 4.27

共点であるような 2 組の 4 直線 m_1, m_2, m_3, m_4 と m_1', m_2', m_3', m_4' が射影変換によって写り合うための必要十分条件は、その複比が等しいことである。

[証明] m_1, m_2, m_3, m_4 の交点を P とし、m_1', m_2', m_3', m_4' の交点を P' とする。P, P' を通らない直線 ℓ を取り、ℓ との交点をそれぞれ a_1, a_2, a_3, a_4 および a_1', a_2', a_3', a_4' としよう。

すると定理 4.25 によって、P' および a_1', a_2', a_3' をそれぞれ P および a_1, a_2, a_3 に写すような射影変換が存在する。射影変換によって共点関係や複比は変わらないので、最初から $P = P'$ および $a_i = a_i'$ $(1 \leq i \leq 3)$ として一般性を失わない。

残っているのは a_4 と a_4' であるが、同一直線上に 4 点があり、そのうち 3 点は一致しているから、複比が等しければ残りの一点も一致する。 □

4.5 メネラウスの定理とチェバの定理

§3.7 ではメネラウスの定理(定理 3.19)について考えた。この定理は、一般には三角形に関する定理とみなされているが、§3.7 では、その内容が実は直線配置に関するものであることを注意しておいた。その考え方を徹底するとメネラウスの定理は次のように述べることができる。

定理 4.28

共点でない 3 本の直線 ℓ_1, ℓ_2, ℓ_3 を考え、ℓ_i と ℓ_j の交点を

C_{ij} と書く。3 つの交点 C_{12}, C_{23}, C_{31} とは異なる ℓ_k 上の点を P_k とする。

このとき 3 点 P_1, P_2, P_3 が共線であることと、

$$\frac{C_{31}P_1}{P_1C_{12}} \cdot \frac{C_{12}P_2}{P_2C_{23}} \cdot \frac{C_{23}P_3}{P_3C_{31}} = 1 \tag{4.14}$$

であることは同値である。

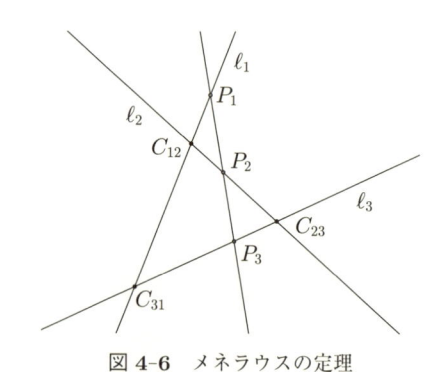

図 4-6　メネラウスの定理

すでに定理の主張のうち「3 点 P_1, P_2, P_3 が共線である」という幾何学的な部分については考えたが、式 (4.14) についてはまだ考察がされていなかった。我々は複比という新しい武器を手に入れたので、ようやく射影幾何学の言葉で式 (4.14) を述べることができる。

点 P_1, C_{12}, C_{31} は直線 ℓ_1 上にある。そこで無限遠直線を ℓ_∞ と書き、ℓ_1 と ℓ_∞ との交点を Q_1 とする。このとき、4 点の複比 $\mathrm{cr}(P_1, Q_1; C_{12}, C_{31})$ がどうなるかを考えてみよう。複比は射影変換によって変わらないから、例えば、直線 ℓ_1 を有限平面内の x 軸、つまり $y = 0$ と考えても良い。そこで

$$P_1 = [\rho_1 : 0 : 1], \qquad Q_1 = [1 : 0 : 0],$$
$$C_{31} = [\gamma_{31} : 0 : 1], \qquad C_{12} = [\gamma_{12} : 0 : 1]$$

と書いておこう。さらにこの 4 点の複比を考えるために、ℓ_1 外の 1 点 $\eta = [0:1:0]$ を考えると

$$\mathrm{cr}(P_1, Q_1; C_{31}, C_{12})_\eta = \frac{\left|C_{12}\ Q_1\ \eta\right| \cdot \left|P_1\ C_{31}\ \eta\right|}{\left|C_{31}\ Q_1\ \eta\right| \cdot \left|P_1\ C_{12}\ \eta\right|}$$

$$= \frac{\begin{vmatrix} \gamma_{12} & 1 & 0 \\ 0 & 0 & 1 \\ 1 & 0 & 0 \end{vmatrix} \cdot \begin{vmatrix} \rho_1 & \gamma_{31} & 0 \\ 0 & 0 & 1 \\ 1 & 1 & 0 \end{vmatrix}}{\begin{vmatrix} \gamma_{31} & 1 & 0 \\ 0 & 0 & 1 \\ 1 & 0 & 0 \end{vmatrix} \cdot \begin{vmatrix} \rho_1 & \gamma_{12} & 0 \\ 0 & 0 & 1 \\ 1 & 1 & 0 \end{vmatrix}}$$

$$= \frac{\begin{vmatrix} \gamma_{12} & 1 \\ 1 & 0 \end{vmatrix} \cdot \begin{vmatrix} \rho_1 & \gamma_{31} \\ 1 & 1 \end{vmatrix}}{\begin{vmatrix} \gamma_{31} & 1 \\ 1 & 0 \end{vmatrix} \cdot \begin{vmatrix} \rho_1 & \gamma_{12} \\ 1 & 1 \end{vmatrix}} = \frac{\rho_1 - \gamma_{31}}{\rho_1 - \gamma_{12}} = \pm\frac{C_{31}P_1}{P_1C_{12}}$$

同様にして ℓ_k と無限遠直線 ℓ_∞ の交点を Q_k とすると

$$\mathrm{cr}(P_2, Q_2; C_{12}, C_{23}) = \pm\frac{C_{12}P_2}{P_2C_{23}}$$

$$\mathrm{cr}(P_3, Q_3; C_{23}, C_{31}) = \pm\frac{C_{23}P_3}{P_3C_{31}}$$

となる。この式を眺めていると、無限遠直線 ℓ_∞ の役割は他の直線とそう大差ないことに気がつくであろう。そこで、無限遠直線を一般の直線 ℓ_4 で置き換えて、メネラウスの定理を書き直してみよう。

射影平面上の 4 本の直線が**一般の位置**にあるとは、それらが相異なる直線であって、どの 3 本の直線も共点でないときに言う。

定理 4.29

射影平面 $\mathbb{P}^2(\mathbb{R})$ 上の一般の位置にある 4 本の直線 $\ell_1, \ell_2, \ell_3, \ell_4$ を考え、ℓ_i と ℓ_j の交点を C_{ij} とする。交点とは異なる ℓ_k ($1 \leq k \leq 3$) 上の点を P_k とするとき、P_1, P_2, P_3 が共線であるための必要十分条件は

$$\mathrm{cr}(P_1, C_{14}; C_{31}, C_{12}) \cdot \mathrm{cr}(P_2, C_{24}; C_{12}, C_{23}) \cdot$$
$$\mathrm{cr}(P_3, C_{34}; C_{23}, C_{31}) = 1$$

が成り立つことである。

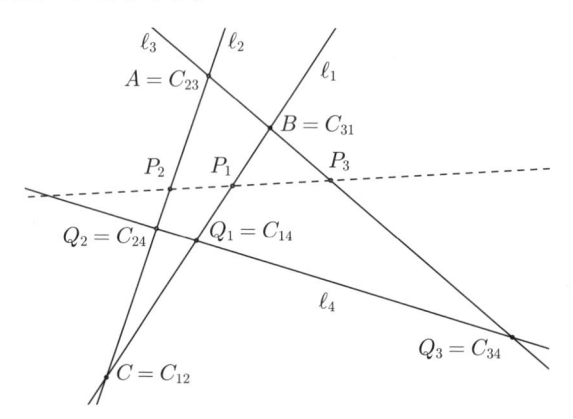

図 4-7　4 直線版メネラウスの定理

[証明]　記号を簡単にするために

$$Q_k = C_{k4}\ (1 \leq k \leq 3),\ A = C_{23},\ B = C_{31},\ C = C_{12}$$

と書こう。また、対応する斉次座標を $P_1 = [\boldsymbol{p_1}]$, $A = [\boldsymbol{a}]$ などと小文字の太文字で表すことにする。このとき

$$\mathrm{cr}(P_1, C_{14}; C_{31}, C_{12}) = \mathrm{cr}(P_1, Q_1; B, C) = \mathrm{cr}(\boldsymbol{p_1}, \boldsymbol{q_1}; \boldsymbol{b}, \boldsymbol{c})_a$$

である。ただし複比を計算するのに 5 点目として直線 ℓ_1 外の点 A を参照した。したがって、複比は

$$\mathrm{cr}(\boldsymbol{p_1}, \boldsymbol{q_1}; \boldsymbol{b}, \boldsymbol{c})_a = \frac{|\boldsymbol{c}\ \boldsymbol{q_1}\ \boldsymbol{a}| \cdot |\boldsymbol{p_1}\ \boldsymbol{b}\ \boldsymbol{a}|}{|\boldsymbol{b}\ \boldsymbol{q_1}\ \boldsymbol{a}| \cdot |\boldsymbol{p_1}\ \boldsymbol{c}\ \boldsymbol{a}|}$$
$$= \frac{|\boldsymbol{q_1}\ \boldsymbol{c}\ \boldsymbol{a}| \cdot |\boldsymbol{p_1}\ \boldsymbol{b}\ \boldsymbol{a}|}{|\boldsymbol{q_1}\ \boldsymbol{b}\ \boldsymbol{a}| \cdot |\boldsymbol{p_1}\ \boldsymbol{c}\ \boldsymbol{a}|}$$

のように行列式で表すことができる。そこで、与えられた条件式

(4.14) にこの式を代入して整理すると

$$\frac{|p_1\ b\ a|}{|p_1\ c\ a|}\frac{|p_2\ c\ b|}{|p_2\ a\ b|}\frac{|p_3\ a\ c|}{|p_3\ b\ c|} = \frac{|q_1\ b\ a|}{|q_1\ c\ a|}\frac{|q_2\ c\ b|}{|q_2\ a\ b|}\frac{|q_3\ a\ c|}{|q_3\ b\ c|} \quad (4.15)$$

を得る。この式の両辺に現れる式はどちらも射影変換によって不変である。実際、X を 3 次の正則行列として、射影変換 $\rho_X([v]) = [Xv]$ を考えよう。この変換で 4 点 $[p]$, $[a]$, $[b]$, $[c]$ を写すと、$[Xp]$, $[Xa]$, $[Xb]$, $[Xc]$ となる。行列式の性質から、

$$|Xp\ Xb\ Xa| = |X(p\ b\ a)| = |X|\cdot|p\ b\ a|$$

なので、例えば

$$\frac{|Xp\ Xb\ Xa|}{|Xp\ Xc\ Xa|} = \frac{|X|\cdot|p\ b\ a|}{|X|\cdot|p\ c\ a|} = \frac{|p\ b\ a|}{|p\ c\ a|}$$

である。これより、式 (4.15) の両辺は ρ_X によって変わらないことがわかる。

射影変換によって一般の位置にある任意の 4 直線は互いに写り合うので、P_1, P_2 を結ぶ直線を m として、4 直線 $\ell_1, \ell_2, \ell_3, \ell_4$ を $\ell_1, \ell_2, \ell_3, m$ に写すような射影変換 ρ_X を考えよう。ρ_X は直線 ℓ_1, ℓ_2, ℓ_3 を変えないので、その交点である A, B, C を動かさない。また m と ℓ_1 の交点は P_1 だから $\rho_X(Q_1) = P_1$ である。同様にして $\rho_X(Q_2) = P_2$ である。残る一点の像を $\rho_X(Q_3) = R$ と書いておく。

式 (4.15) の両辺を ρ_X で写したものを考えると、右辺は

$$\frac{|p_1\ b\ a|}{|p_1\ c\ a|}\frac{|p_2\ c\ b|}{|p_2\ a\ b|}\frac{|r\ a\ c|}{|r\ b\ c|}$$

となるが、左辺はすでに述べたように ρ_X によって変わらないので、両式を比較して、

$$\frac{|p_3\ a\ c|}{|p_3\ b\ c|} = \frac{|r\ a\ c|}{|r\ b\ c|} \quad (4.16)$$

を得る．したがって

$$\mathrm{cr}(\boldsymbol{a},\boldsymbol{b};\boldsymbol{p}_3,\boldsymbol{q}_3)_c = \mathrm{cr}(\boldsymbol{a},\boldsymbol{b};\boldsymbol{r},\boldsymbol{q}_3)_c \tag{4.17}$$

が成り立つ．これを導くのは演習問題としよう．このとき，4点 A, B, P_3, Q_3 および A, B, R, Q_3 は直線 ℓ_3 上にあることに注意しよう．同一直線上の4点の複比は，点の配置を完全に決めるので，式（4.17）より $P_3 = R = \rho_X(Q_3)$ でなければならない．Q_1, Q_2, Q_3 は直線 ℓ_4 上の点なので，P_1, P_2, P_3 は $m = \rho_X(\ell_4)$ 上の点であり，共線であることがわかる． □

演習 4.30 同一直線上にある4点の複比の定義式（4.10）を用いて，行列式の等式（4.16）から複比の等式（4.17）を導け．

この定理において，P_1, P_2, P_3 が共線の場合，この3点を通る直線を ℓ_5 とすれば，定理の主張は5本の直線の交点の満たすべき条件を述べていることに気がつかれるであろう．つまりメネラウスの定理は5本の直線の配置問題に関する定理と思うことができる．メネラウスの定理には表面上は4本の直線しか出てこないのであるが，我々はもう一本無限遠直線が背後に潜んでいると考えて定理 4.29 に行きついたのである．

一方，もとのメネラウスの定理に近い，4本の直線に関する主張を射影幾何学の言葉で書き表すこともできる．しかし，この場合には複比は表に現れない．

定理 4.31

射影平面上の共点ではない3本の直線 ℓ_1, ℓ_2, ℓ_3 を考え，その交点を $A = \ell_2 \cap \ell_3$, $B = \ell_3 \cap \ell_1$, $C = \ell_1 \cap \ell_2$ とおく．直線 ℓ_k $(1 \leq k \leq 3)$ 上の交点とは異なる点 P_k に対して，この3点

P_1, P_2, P_3 が共線であるための必要十分条件は

$$\frac{|p_1\ b\ a|}{|p_1\ c\ a|}\frac{|p_2\ c\ b|}{|p_2\ a\ b|}\frac{|p_3\ a\ c|}{|p_3\ b\ c|} = 1 \qquad (4.18)$$

が成り立つことである。ただし、例えば $a \in \mathbb{R}^3$ は $A = [a]$ の斉次座標を表す（図 4-6 参照）。

式 (4.18) の左辺はまさしく式 (4.15) の左辺である。この定理によって、結局、式 (4.15) の両辺はどちらも 1 であることがわかる！

また、定理 4.29 の証明中に示したように、式 (4.18) の左辺は射影変換によって変わらない、射影幾何の不変量であることにも注意しておこう。

演習 4.32 式 (4.18) の左辺は点 $A, B, \ldots$ の斉次座標の選び方によらないことを示せ。しかし、三重積のうち一項、例えば $\dfrac{|p_1\ b\ a|}{|p_1\ c\ a|}$ のみを考えると、これは斉次座標の選び方に依存することに注意しよう。

[答. 三重積においては、分母分子に a の現れる回数が等しい。したがって a を λa で置き換えると、分母分子ともに λ^2 が出て、打ち消しあう。他の斉次座標についても事情は同じである。]

演習 4.33 定理 4.31 を証明せよ。

[答. $p_1 = s_1 b + t_1 c$, $p_2 = s_2 c + t_2 a$, $p_3 = s_3 a + t_3 b$ と表しておく。すると $\det(p_1, b, a) = \det(s_1 b + t_1 c, b, a) = s_1 \det(b, b, a) + t_1 \det(c, b, a) = -t_1 \det(a, b, c)$ と計算できる (行列式に同じ列が現れると $= 0$ となることに注意)。したがって与式 $\dfrac{t_1 t_2 t_3}{s_1 s_2 s_3} = -1$ となる。このとき $\det(p_1, p_2, p_3) = \det(s_1 b + t_1 c, s_2 c + t_2 a, s_3 a + t_3 b) = s_1 s_2 s_3 \det(b, c, a) + t_1 t_2 t_3 \det(c, a, b) = (s_1 s_2 s_3 + t_1 t_2 t_3) \det(a, b, c)$ だから、これがゼロになるのは与式の条件が成り立つとき、そのときに限る。したがって与条件の成立は

p_1, p_2, p_3 が一次従属であること、すなわち P_1, P_2, P_3 が同一直線上にあることと同値である。]

メネラウスの定理については、かなり詳しく見てきたので、これと対になるチェバの定理についてはごく簡単に述べる。まず定理を述べておこう。

定理 4.34

射影平面 $\mathbb{P}^2(\mathbb{R})$ 上の一般の位置にある 4 本の直線 $\ell_1, \ell_2, \ell_3, \ell_4$ を考え、ℓ_i と ℓ_j の交点を C_{ij} とする。交点とは異なる ℓ_k ($1 \leq k \leq 3$) 上の点を P_k とするとき、3 直線 P_1C_{23}, P_2C_{31}, P_3C_{12} が共点であるための必要十分条件は

$$\mathrm{cr}(P_1, C_{14}; C_{31}, C_{12}) \cdot \mathrm{cr}(P_2, C_{24}; C_{12}, C_{23}) \cdot$$
$$\mathrm{cr}(P_3, C_{34}; C_{23}, C_{31}) = -1$$

が成り立つことである。

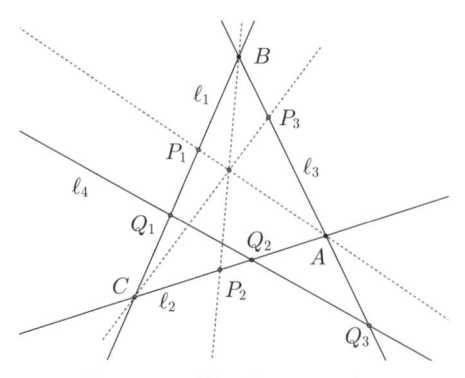

図 4-8 三重複比版チェバの定理

定理 4.35

射影平面上の共点ではない 3 本の直線 ℓ_1, ℓ_2, ℓ_3 を考え、その交点を $A = \ell_2 \cap \ell_3$, $B = \ell_3 \cap \ell_1$, $C = \ell_1 \cap \ell_2$ とおく。直線 ℓ_k $(1 \leq k \leq 3)$ 上の交点とは異なる点 P_k に対して、3 本の直線 AP_1, BP_2, CP_3 が共点であるための必要十分条件は

$$\frac{|p_1 \; b \; a|}{|p_1 \; c \; a|} \frac{|p_2 \; c \; b|}{|p_2 \; a \; b|} \frac{|p_3 \; a \; c|}{|p_3 \; b \; c|} = -1 \qquad (4.19)$$

が成り立つことである。

定理 4.34 の証明は、メネラウスの場合の定理 4.29 の証明と同様にして、まず、式 (4.15) の右辺が (-1) 倍で置き換わった

$$\frac{|p_1 \; b \; a|}{|p_1 \; c \; a|} \frac{|p_2 \; c \; b|}{|p_2 \; a \; b|} \frac{|p_3 \; a \; c|}{|p_3 \; b \; c|}$$
$$= (-1) \cdot \frac{|q_1 \; b \; a|}{|q_1 \; c \; a|} \frac{|q_2 \; c \; b|}{|q_2 \; a \; b|} \frac{|q_3 \; a \; c|}{|q_3 \; b \; c|} \qquad (4.20)$$

を示す。このとき右辺の行列式の積は $Q_1 = C_{14}, Q_2 = C_{24}, Q_3 = C_{34}$ が直線 ℓ_4 上にあり、共線関係にあるので、定理 4.31 により 1 である。右辺では、これに (-1) が乗ぜられているから、左辺が (-1) に等しいという主張と同値になり、それは定理 4.35 そのものである。

そこで、定理 4.35 を示そう。そのために、直線 AP_1 と BP_2 の交点を射影変換によって無限遠点に写そう。この交点は ℓ_1, ℓ_2, ℓ_3 上にはないので、ℓ_k $(1 \leq k \leq 3)$ はもちろん無限直線には写らない。また交点 A, B, C や P_1, P_2, P_3 も無限遠点でないとしてもよい。さて、このように写せば、定理の主張のうち

"3 本の直線 AP_1, BP_2, CP_3 が共点である"

は

"3 本の直線 AP_1, BP_2, CP_3 が平行である"

に変わる。すでに AP_1 と BP_2 は交点が無限遠点なので平行であ

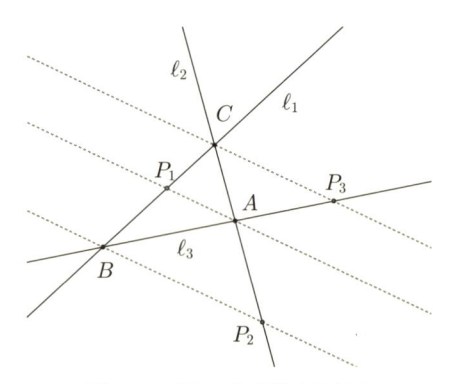

図 4-9 交点を無限遠点に写す

るから、残りの直線 CP_3 を考える。直線 AP_1 と BP_2 の方向ベクトルを $\boldsymbol{v}$、残りの直線 CP_3 の方向ベクトルを $\boldsymbol{u}$ としよう。つまり AP_1 と BP_2 は無限遠直線 ℓ_∞ と $[\boldsymbol{v}]$ で交わっており、CP_1 と ℓ_∞ との交点が $[\boldsymbol{u}]$ である。このとき

$$\boldsymbol{p_1} = \boldsymbol{a} + t_1\boldsymbol{v}, \quad \boldsymbol{p_2} = \boldsymbol{b} + t_2\boldsymbol{v}, \quad \boldsymbol{p_3} = \boldsymbol{c} + t_3\boldsymbol{u}$$

と書けている。したがって、行列式の積は、例えば

$$\frac{|\boldsymbol{p_1}\ \boldsymbol{b}\ \boldsymbol{a}|}{|\boldsymbol{p_1}\ \boldsymbol{c}\ \boldsymbol{a}|} = \frac{|(\boldsymbol{a}+t_1\boldsymbol{v})\ \boldsymbol{b}\ \boldsymbol{a}|}{|(\boldsymbol{a}+t_1\boldsymbol{v})\ \boldsymbol{c}\ \boldsymbol{a}|} = \frac{t_1|\boldsymbol{v}\ \boldsymbol{b}\ \boldsymbol{a}|}{t_1|\boldsymbol{v}\ \boldsymbol{c}\ \boldsymbol{a}|} = \frac{|\boldsymbol{v}\ \boldsymbol{b}\ \boldsymbol{a}|}{|\boldsymbol{v}\ \boldsymbol{c}\ \boldsymbol{a}|}$$

のように計算して

$$((4.19)\ \text{の左辺}) = \frac{|\boldsymbol{v}\ \boldsymbol{b}\ \boldsymbol{a}|}{|\boldsymbol{v}\ \boldsymbol{c}\ \boldsymbol{a}|} \frac{|\boldsymbol{v}\ \boldsymbol{c}\ \boldsymbol{b}|}{|\boldsymbol{v}\ \boldsymbol{a}\ \boldsymbol{b}|} \frac{|\boldsymbol{u}\ \boldsymbol{a}\ \boldsymbol{c}|}{|\boldsymbol{u}\ \boldsymbol{b}\ \boldsymbol{c}|}$$

$$= -\frac{|\boldsymbol{v}\ \boldsymbol{c}\ \boldsymbol{b}|}{|\boldsymbol{v}\ \boldsymbol{c}\ \boldsymbol{a}|} \frac{|\boldsymbol{u}\ \boldsymbol{a}\ \boldsymbol{c}|}{|\boldsymbol{u}\ \boldsymbol{b}\ \boldsymbol{c}|}$$

となる。したがって式 (4.19) は、

$$\frac{|\boldsymbol{v}\ \boldsymbol{b}\ \boldsymbol{c}|}{|\boldsymbol{v}\ \boldsymbol{a}\ \boldsymbol{c}|} = \frac{|\boldsymbol{u}\ \boldsymbol{b}\ \boldsymbol{c}|}{|\boldsymbol{u}\ \boldsymbol{a}\ \boldsymbol{c}|} \quad (4.21)$$

と変形される。もし AP_1, BP_2, CP_3 が共点であれば $[\boldsymbol{u}] = [\boldsymbol{v}]$ であり、上の式は確かに成り立つ。そこで、その逆、つまり上の条件が成り立つとして $[\boldsymbol{u}] = [\boldsymbol{v}]$ を示そう。

そのために、有限平面上にある点に対しては $\boldsymbol{a} = {}^t(a_1, a_2, 1)$ などと、斉次座標の第 3 成分が 1 になるようにとっておくことにしよう。すると

$$\boldsymbol{v} = \lambda \boldsymbol{a} + \mu \boldsymbol{b} + \nu \boldsymbol{c} \qquad (\lambda + \mu + \nu = 0)$$
$$\boldsymbol{u} = \lambda' \boldsymbol{a} + \mu' \boldsymbol{b} + \nu' \boldsymbol{c} \qquad (\lambda' + \mu' + \nu' = 0)$$

と書ける。これを (4.21) に代入すると

$$|\boldsymbol{v} \ \boldsymbol{b} \ \boldsymbol{c}| = |(\lambda \boldsymbol{a} + \mu \boldsymbol{b} + \nu \boldsymbol{c}) \ \boldsymbol{b} \ \boldsymbol{c}|$$
$$= \lambda |\boldsymbol{a} \ \boldsymbol{b} \ \boldsymbol{c}| + \mu |\boldsymbol{b} \ \boldsymbol{b} \ \boldsymbol{c}| + \nu |\boldsymbol{c} \ \boldsymbol{b} \ \boldsymbol{c}| = \lambda |\boldsymbol{a} \ \boldsymbol{b} \ \boldsymbol{c}|$$

などとなるので、

$$\frac{|\boldsymbol{v} \ \boldsymbol{b} \ \boldsymbol{c}|}{|\boldsymbol{v} \ \boldsymbol{a} \ \boldsymbol{c}|} = \frac{\lambda |\boldsymbol{a} \ \boldsymbol{b} \ \boldsymbol{c}|}{\mu |\boldsymbol{b} \ \boldsymbol{a} \ \boldsymbol{c}|} = -\frac{\lambda}{\mu}$$

である。同様にして

$$\frac{|\boldsymbol{u} \ \boldsymbol{b} \ \boldsymbol{c}|}{|\boldsymbol{u} \ \boldsymbol{a} \ \boldsymbol{c}|} = -\frac{\lambda'}{\mu'}$$

だから (4.21) 式は $\lambda/\mu = \lambda'/\mu'$ を意味する。つまり $[\lambda : \mu] = [\lambda' : \mu']$ であるが、一方 $\nu = -(\lambda + \mu)$ および $\nu' = -(\lambda' + \mu')$ であるから、結局 $[\lambda : \mu : \nu] = [\lambda' : \mu' : \nu']$ がわかり、これは $\boldsymbol{u}$ と $\boldsymbol{v}$ が平行であること、つまり $[\boldsymbol{u}] = [\boldsymbol{v}]$ であって、この 2 つの交点が等しいことを示している。

第5章

アフィン変換と
アフィン幾何

　射影幾何学は射影変換によって変わらないような図形の性質を研究する学問である。ところが、射影変換によって線分の長さや、角度などは変わってしまうので、しばしばもう少し"融通の利かない"幾何学を扱いたい欲求にかられるであろう。アフィン幾何学はそのような幾何学のうちで、例えば平行関係とか、線分の中点などを扱うのに適した幾何学である。この章ではアフィン幾何学やアフィン変換と射影幾何学との関係について学ぶ。

射影幾何学では、相異なる 2 直線は必ず交わるし、非退化二次曲線はすべて "円" と思うことができる。また、平面上の一般の位置にある 4 点は射影変換によって好きな位置に写すことができる。しかし、一方では、そのせいで線分の長さは変わってしまうし、角度は保存されない。あるいは線分比などといった概念も意味を失ってしまう。要するに射影幾何学はなんでもできすぎてしまうので、その弊害も目立つのである。

そこで、射影変換のうちのある特殊な変換だけを用いて、射影幾何学ほどは自由ではないが、一方で扱える幾何学的概念が豊富であり、しかもある程度の柔軟性を持った幾何学が作れないだろうかと考えることは自然である。

本章では、そのような観点から、射影幾何学の一部分として、アフィン幾何学を構成しよう。

5.1 アフィン変換

射影幾何については、射影空間と射影変換を導入して、抽象的ながらその本質を見定めることができた。一方、射影幾何と非常によく似た幾何にアフィン幾何と呼ばれるものがある。この幾何学は、アフィン変換とよばれる変換と深く関係している。

平面 $\mathbb{R}^2$ のアフィン変換 $f : \mathbb{R}^2 \to \mathbb{R}^2$ とは、ある 2 次の正則行列 $A = \begin{pmatrix} a & b \\ c & d \end{pmatrix}$ と、ベクトル $\boldsymbol{p} = \begin{pmatrix} u \\ v \end{pmatrix}$ を用いて

$$f(\boldsymbol{x}) = A\boldsymbol{x} + \boldsymbol{p}$$

と表わせるようなものを指す。つまり $\begin{pmatrix} X \\ Y \end{pmatrix} = f(\begin{pmatrix} x \\ y \end{pmatrix})$ とおいたとき、次の式

$$\begin{cases} X = ax + by + u \\ Y = cx + dy + v \end{cases} \tag{5.1}$$

で与えられるような変換である。この式において $\begin{pmatrix} a & b \\ c & d \end{pmatrix} = \begin{pmatrix} 1 & 0 \\ 0 & 1 \end{pmatrix}$ （単位行列）ととれば

$$\begin{cases} X = x + u \\ Y = y + v \end{cases} \quad \text{つまり} \quad f(\boldsymbol{x}) = \boldsymbol{x} + \boldsymbol{p}$$

となり、これは方向が $\boldsymbol{p}$ の平行移動である。あるいは $\boldsymbol{p} = 0$ として $\begin{pmatrix} a & b \\ c & d \end{pmatrix} = \begin{pmatrix} \cos\theta & -\sin\theta \\ \sin\theta & \cos\theta \end{pmatrix}$ （回転行列）ととれば、

$$\begin{cases} X = \cos\theta \cdot x - \sin\theta \cdot y \\ Y = \sin\theta \cdot x + \cos\theta \cdot y \end{cases}$$

と表され、これは原点を中心とする角度が θ の**回転移動**を表わす。また回転移動とよく似ているが、やはり $\boldsymbol{p} = 0$ として行列部分を $\begin{pmatrix} a & b \\ c & d \end{pmatrix} = \begin{pmatrix} \cos\theta & \sin\theta \\ \sin\theta & -\cos\theta \end{pmatrix}$ とおくとアフィン変換は

$$\begin{cases} X = \cos\theta \cdot x + \sin\theta \cdot y \\ Y = \sin\theta \cdot x - \cos\theta \cdot y \end{cases} \tag{5.2}$$

と表わされることになるが、これは原点を通り、x 軸となす角度が $\theta/2$ であるような直線に関する**線対称移動**を表わしている。

演習 5.1 式 (5.2) で決まる変換が直線に関する線対称移動を表わすことを次のようにして確認せよ。まず、$\boldsymbol{x}$ から $f(\boldsymbol{x})$ に向かうベクトルは、与えられた直線と直交することを示せ。次に $\boldsymbol{x}$ と $f(\boldsymbol{x})$ の中

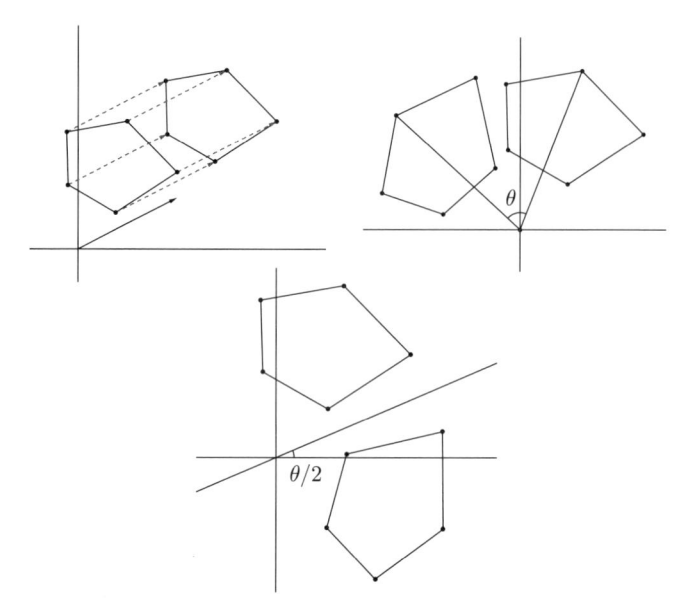

図 5-1　平行移動・回転移動・線対称移動

点がちょうど直線上にあることを示せ。この 2 つのことから、f は直線に関する対称移動であることがわかる。

A を対角行列 $\begin{pmatrix} \lambda & 0 \\ 0 & \mu \end{pmatrix}$ にとれば、

$$\begin{cases} X = \lambda x \\ Y = \mu y \end{cases}$$

は、x 方向を λ 倍、y 方向を μ 倍するような方向によって異なる倍率の拡大 (あるいは縮小) を表わす。他に興味深い変換として

$$\begin{cases} X = x + y \\ Y = y \end{cases} \tag{5.3}$$

を考えてみよう。これを見ると、y 座標は変わらず、y 座標が増えるに従って x 座標は大きくずれてゆく。これは図に描いてみた方

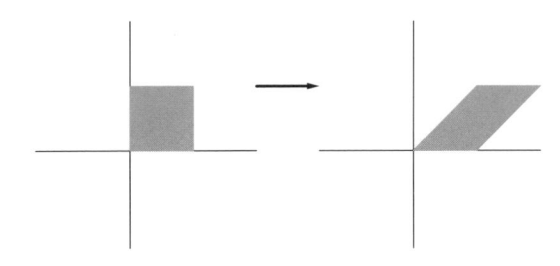

図 5-2 冪単変換

がよくわかる。図で描くと xy 平面の格子を x 軸と水平方向に"潰してひしゃげる"ような変換になっていることがよくわかる。これを**冪単変換**と呼ぶ。

アフィン変換を次のように別の言い方で特徴づけることもできる。それは、平面から平面への連続写像であって、（ア）直線を直線に写し、（イ）逆写像が存在して、その逆写像もまた同じ性質を持つようなものである。

数式で与えたアフィン変換の定義と、直線を直線に写すといった幾何的性質を用いた定義が一致することの証明は少々面倒だが、$f(\boldsymbol{x}) = A\boldsymbol{x} + \boldsymbol{p}$ の形の変換が直線を直線に写すことを確かめるのは容易である。実際、上であげた平行移動や、回転移動・線対称移動が直線を直線に写すことは明らかだろう。最後にあげた冪単変換が同じ性質を持つこともそう難しくはない。

一般にアフィン変換が直線を直線に写すことを示すには、式で表して見ればよい。というのも直線は一次式で定義されているが、アフィン変換もまた一次式で与えられている。一次式と一次式の合成関数が一次式であることは容易にわかる。

アフィン幾何学とはこのようなアフィン変換で変わらない図形の性質を追究する幾何学である。では、アフィン変換で変わらない性質とは何だろうか？　それは、本書のテーマである射影幾何学と密接な関係を持っているのである。

5.2 アフィン変換と平行直線

平面上の直線を直線に写すような変換 $f: \mathbb{R}^2 \to \mathbb{R}^2$ を考えてみよう。平面上の 2 本の平行な直線 ℓ_1, ℓ_2 が与えられると、それらを f で写した像 $\ell'_1 := f(\ell_1)$, $\ell'_2 := f(\ell_2)$ は、やはり直線であるが、単なる直線というだけでなく、実は ℓ'_1, ℓ'_2 も平行である。

もちろん、これは f の具体的な表示 (5.1) を用いても確かめることができるが、式を使わないで次のように考えても明らかである。平面上の平行な 2 直線とは、方向の同じ直線であるが、それは「(有限) 平面上では交点を持たない直線」と言っても同じである。つまり

> 交点を持たない直線 ＝ 平行な直線

である。さて、アフィン変換 f で交点を持たない 2 直線を写すと、像はやはり交点を持たない 2 直線になる。実際、アフィン変換だから直線は直線に写す。もし像の直線が交点を持てば、逆写像によってその交点を引き戻すと、それは元々の 2 直線の交点になるはずである。矛盾。したがって像の 2 直線は交点を持たず平行である。

平行直線を平行直線に写すような変換は、もちろん平行四辺形を平行四辺形に写さねばならない。したがって平行四辺形の対角線の交点をやはり対角線の交点に写す。対角線の交点は対角線を 2 等分するので、アフィン変換は線分の中点を像の線分の中点に写さねばならない。中点を中点に写すのであれば 1/4 点をやはり 1/4 点に写さねばならず、1/8 点は 1/8 点に... と考えていくと、結局、アフィン変換は線分の内分比（あるいは外分比）を保つことがわか

る[1]。

まとめておこう。

定理 5.2

アフィン変換は平行な 2 直線を平行な 2 直線に写す。また線分の内分比・外分比を保つ。

さて、このような性質はなぜ射影幾何学と関係するのだろうか。

上の説明では、わざわざ平行 2 直線は有限平面では交点を持たない、と書いた。というのも我々はすでに無限遠点を含む射影平面を知っており、射影平面内の任意の 2 直線はただ 1 点で交わることを知っているからである。したがって、平行 2 直線は実は無限遠点で交わっていることになる。もしアフィン変換が射影平面まで拡張できたとすると、この交点をアフィン変換で写すとやはり無限遠点に写らなければならないはずである！

アフィン変換は射影平面全体の変換に拡張できるのかという問いも含めて、以上のことを数式を用いて確かめてみよう。式 (5.1) をもう一度書いてみる。

$$\begin{cases} X = ax + by + u \\ Y = cx + dy + v \end{cases}$$

この式を斉次座標を用いて書き換えるため、もうすでにおなじみの変数変換 $x \to x/z,\ y \to y/z$ を行うと、斉次座標は定数倍してもかまわないから

$$[ax/z + by/z + u : cx/z + dy/z + v : *]$$
$$= [ax + by + uz : cx + dy + vz : *]$$

---

[1] $1/2^k\ (k = 1, 2, 3, \ldots)$ 点が保たれることから、任意の比が保たれることを結論するには、厳密には連続性を使わねばならないが、ここでは深入りしない。

となる。ここで $*$ は今のところ不明だから記入しなかった。一方、有限平面 $\mathbb{R}^2$ は有限平面に写るので、無限遠直線 $z=0$ 上の点（無限遠点）はまた無限遠点に写らなければならない（無限遠点が写ってくるべき平面上の点はもう残っていないから）。したがって、上の式で $*$ の部分は wz の形でなければならない。結局

$$[X:Y:Z] = [ax+by+uz : cx+dy+vz : wz]$$

つまり

$$\begin{pmatrix} X \\ Y \\ Z \end{pmatrix} = \begin{pmatrix} a & b & u \\ c & d & v \\ 0 & 0 & w \end{pmatrix} \begin{pmatrix} x \\ y \\ z \end{pmatrix}$$

の形をしているが、これは

$$\mathcal{A} = \left(\begin{array}{cc|c} a & b & u \\ c & d & v \\ \hline 0 & 0 & w \end{array} \right)$$

とおくと射影変換

$$\rho_{\mathcal{A}}([\boldsymbol{x}]) = [\mathcal{A}\boldsymbol{x}]$$

そのものである。この射影変換は射影平面のうち無限遠直線 $z=0$ を同じ無限遠直線に写すという性質によって特徴づけられる。

定理 5.3

平面のアフィン変換は、全射影平面上で定義された射影変換に拡張できる。また、射影変換であって、無限遠直線 $z=0$ を同じ無限遠直線に写すものは、アフィン変換である。

演習 5.4 アフィン変換は無限遠直線を全体として無限遠直線に写すが、それぞれの無限遠点は変化する。すべての無限遠点をまったく動かさないようなアフィン変換は平行移動だけであることを示せ。

このようにして、アフィン変換は射影変換のうちの特別なものであることが確認された。アフィン変換によって不変な性質、つまり直線の平行性とか、あるいは線分の内分比、特に2点の中点などに関する幾何学がアフィン幾何学である。例えば「平行四辺形の2つの対角線は中点で交わる」といった定理はアフィン幾何学の定理であって、射影幾何学の定理ではない。また「三角形の頂点と対辺の中点を結んだ直線は一点で交わり、頂点と対辺の中点を2：1に内分する」というような定理もアフィン幾何学の定理である。

しかし一方では、アフィン変換によって角度は変化してしまうから、直角三角形の性質について述べた定理はアフィン幾何学には属さない。また線分内の長さの比はアフィン変換によって保たれるのだが、長さが保たれるわけではないので、例えば正三角形といった概念もアフィン変換では意味を失ってしまう。では二次曲線はどうであろうか？ それをまず考えてみよう。

5.3　二次曲線

すでに見たように、非退化二次曲線は、楕円か双曲線か放物線である。これらの二次曲線は射影平面上ではどれも同じように見えるのだが、その区別は無限遠直線とどのように交わるか、という点にあるのであった。つまり、楕円は無限遠直線とは交わらないし、双曲線は無限遠直線と相異なる2点で交わり、放物線は無限遠直線に接している。

アフィン変換は、無限遠直線を無限遠直線に写すから、これらの曲線と無限遠直線の関係を変えることはない。したがって、楕円は楕円に、放物線は放物線に、そして双曲線は双曲線に写す。

しかし、次の定理を見ればわかるように、アフィン変換は実はも

っと強力なのである。

定理 5.5

アフィン変換によって平面 $\mathbb{R}^2$ 上の非退化二次曲線は、(I) 単位円 $x^2 + y^2 = 1$; または (II) 直角双曲線 $x^2 - y^2 = 1$; または (III) 放物線 $y = x^2$ に写すことができる。

[証明] アフィン変換によって楕円が単位円に写ることを示そう。まず楕円の中心を平行移動で原点に写す。平行移動がアフィン変換だったことを思い出そう。次に適当に回転をして、楕円の長軸を x 軸に重ねる。そうすると楕円の方程式は標準的な

$$\frac{x^2}{a^2} + \frac{y^2}{b^2} = 1$$

となる。すると、このとき x 座標を $1/a$ 倍し、y 座標を $1/b$ 倍すれば、ちょうど単位円になるだろう。

これを数式で見ておこう。二次曲線の定義式は射影平面上の斉次座標を用いると

$$\alpha x^2 + \beta y^2 + \gamma z^2 + 2\delta xy + 2\varepsilon yz + 2\varphi zx = 0 \qquad (5.4)$$

と書ける。ここでギリシャ文字 $\alpha, \beta, \ldots, \varphi$ は実数の係数である。この二次曲線が楕円を表わすとしよう。すると、この曲線は無限遠点とは交わっていない。

まず、この曲線上の任意の点を取り、そこで接線を引く[2]。アフィン変換でこの接線を x 軸（つまり $y = 0$）に重ねよう。さらに接点を原点 $[0:0:1]$ に重ねることもできる。このとき $z = 1, y = 0$ を (5.4) に代入すると、$\alpha x^2 + \gamma + 2\varphi x = 0$ であるが、x 軸に接するので $\gamma = 2\varphi = 0$ でなければならない。したがって (5.4) 式は

---

[2] 接線が引けるかどうかはあらかじめわかっているわけではないが、非退化二次曲線では曲線上のどの点でも接線が引ける。

$$\alpha x^2 + \beta y^2 + 2\delta xy + 2\varepsilon yz = 0$$

となる。無限遠点はこの式を満足することはないが、それを確かめるために $z=0$ とおいてみよう。すると

$$\alpha x^2 + \beta y^2 + 2\delta xy = 0$$

となるが、この式は $x=y=0$ 以外の解を持たないはずである。もし $\alpha = 0$ なら、二本の直線に分解して $x=y=0$ 以外に無数の解を持つから $\alpha \neq 0$ であるが、等式の両辺に必要ならば -1 を掛けることによって $\alpha > 0$ としてよい。上式を平方完成すると

$$\alpha \left(x + \frac{\delta}{\alpha} y \right)^2 + \frac{\alpha\beta - \delta^2}{\alpha} y^2 = 0$$

となる。この式が $x=y=0$ のみを解に持つのは $\alpha\beta - \delta^2 > 0$ のときである。$\Delta := \alpha\beta - \delta^2$ はちょうど判別式の $-1/4$ になっていることに注意しよう。このとき、有限点 $[x:y:1]$ では

$$\begin{aligned}
\alpha x^2 &+ \beta y^2 + 2\delta xy + 2\varepsilon y \\
&= \alpha \left(x + \frac{\delta}{\alpha} y \right)^2 + \frac{\Delta}{\alpha} y^2 + 2\varepsilon y \\
&= \alpha \left(x + \frac{\delta}{\alpha} y \right)^2 + \frac{\Delta}{\alpha} \left(y + \frac{\alpha\varepsilon}{\Delta} \right)^2 - \frac{\alpha\varepsilon}{\Delta} = 0
\end{aligned}$$

が成り立っている。移項してみるとわかるように $\varepsilon > 0$ でなければならない。したがって

$$\frac{\Delta}{\varepsilon} \left(x + \frac{\delta}{\alpha} y \right)^2 + \frac{\Delta^2}{\alpha^2 \varepsilon} \left(y + \frac{\alpha\varepsilon}{\Delta} \right)^2 = 1$$

そこで

$$(X, Y) = \left(\sqrt{\frac{\Delta}{\varepsilon}} \left(x + \frac{\delta}{\alpha} y \right), \frac{\Delta}{\alpha\sqrt{\varepsilon}} \left(y + \frac{\alpha\varepsilon}{\Delta} \right) \right)$$

とアフィン変換によって変数変換すれば、$X^2 + Y^2 = 1$ となる。こ

れは単位円の方程式である。つまり楕円はアフィン変換によって単位円に写ることがこれで示された。

次に双曲線を考えてみよう。双曲線は無限遠直線と2点で交わっている。まずアフィン変換でこの2点を $[1:\pm 1:0]$ に写せることを示そう。そこで双曲線と無限遠直線との交点を $[\cos\varphi_1 : \sin\varphi_1 : 0]$ および $[\cos\varphi_2 : \sin\varphi_2 : 0]$ とする。$\pi/2 \geq \varphi_1 > \varphi_2 > -\pi/2$ として一般性を失わない。

まず、原点 $[0:0:1]$ を中心として角 $-\dfrac{\varphi_1+\varphi_2}{2}$ だけ回転すると2点は $[\cos\theta:\sin\theta:0]$ および $[\cos(-\theta):\sin(-\theta):0]$ となる。ただし $\theta=\dfrac{\varphi_1-\varphi_2}{2}$ である。次に x をアフィン変換によって $\tan\theta \cdot x$ と変換すると無限遠での交点は

$$[\tan\theta\cos\theta : \pm\sin\theta : 0] = [\sin\theta : \pm\sin\theta : 0] = [1:\pm 1:0]$$

となる。

これでアフィン変換によって任意の双曲線を2つの無限遠点 $[1:\pm 1:0]$ を通るようなものに写すことができることがわかった。

そこで、一般の二次式 (5.4) が $[1:\pm 1:0]$ を通るとすると

$$\alpha + \beta \pm 2\delta = 0, \quad \therefore \quad \alpha + \beta = \delta = 0$$

ここで $\alpha \neq 0$ としてよい。実際 $\alpha = 0$ なら $\beta = \delta = 0$ となり、上の式は

$$\gamma z^2 + 2\varepsilon yz + 2\varphi zx = z(\gamma z + 2\varepsilon y + 2\varphi x) = 0$$

と変形され、この式は2本の直線の和を表わしているから、非退化二次曲線でなくなってしまう。

そこで $\alpha \neq 0$ で割って $\alpha = 1, \beta = -1, \delta = 0$ とできる。したがって (5.4) 式が双曲線を表しているなら、アフィン変換によって

$$x^2 - y^2 + \gamma z^2 + 2\varepsilon yz + 2\varphi zx = 0$$

と変形できることがわかる。通常平面での曲線の状態を見るために $z=1$ として、

$$(x+\varphi)^2 - (y-\varepsilon)^2 + \gamma - \varphi^2 + \varepsilon^2 = 0,$$
$$(x+\varphi)^2 - (y-\varepsilon)^2 = \varphi^2 - \varepsilon^2 - \gamma$$

となる。右辺がゼロなら、これは 2 本の直線に分解してしまい、やはり非退化二次曲線ではない。右辺が負ならば両辺を (-1) 倍して x, y を入れ替えることにすると、右辺を正であるとして一般性を失わない。そこで右辺を ω^2 と書けば、

$$\frac{1}{\omega^2}(x+\varphi)^2 - \frac{1}{\omega^2}(y-\varepsilon)^2 = 1$$

そこで

$$(X, Y) = \left(\frac{1}{\omega}(x+\varphi), \frac{1}{\omega}(y-\varepsilon)\right)$$

とアフィン変換によって変数変換すれば、結局 $X^2 - Y^2 = 1$ となり、これは直角双曲線である。

演習 5.6 上で行った議論は次のように解釈できることを確認せよ。

双曲線には 2 本の漸近線がある。これらの漸近線は、無限遠点でちょうど双曲線と接しており、それが無限遠直線と双曲線の 2 つの交点である。

2 本の漸近線の交点を原点にまず写し、適切に回転する。すると 2 本の直線は $y = \pm mx$ となる。そこで、x 方向だけ座標を m 倍拡大しよう。これもまたアフィン変換である。すると 2 本の漸近線は $y = \pm x$ となり、直角双曲線となる。

最後に放物線を考えよう。放物線は無限遠直線と接しているが、双曲線の場合とまったく同様にして、この接点は $[0:1:0]$ であるとしてよい。まず二次曲線 (5.4) が $[0:1:0]$ を通るので $\beta = 0$ で

ある。さらに $[0:1:0]$ で $z=0$ に接するので $y=1, z=0$ を代入して、$\beta=0$ も使うと

$$\alpha x^2 + 2\delta x = 0$$

となるが、$z=0$ に接するので $\delta=0$ である。ここで通常平面上の曲線と見るために $z=1$ とおくと

$$\alpha x^2 + \gamma + 2\varepsilon y + 2\varphi x = 0$$

これは非退化二次曲線を表わすので、$\alpha \neq 0$ かつ $\varepsilon \neq 0$ である。これより、上式を変形すると

$$\alpha \left(x + \frac{\varphi}{\alpha}\right)^2 + 2\varepsilon y + \gamma - \frac{\varphi^2}{\alpha} = 0,$$
$$\left(x + \frac{\varphi}{\alpha}\right)^2 + \frac{2\varepsilon}{\alpha}\left(y + \frac{\alpha\gamma - \varphi^2}{2\varepsilon\alpha}\right) = 0$$

そこで

$$(X, Y) = \left(x + \frac{\varphi}{\alpha}, -\frac{2\varepsilon}{\alpha}\left(y + \frac{\alpha\gamma - \varphi^2}{2\varepsilon\alpha}\right)\right)$$

とアフィン変換によって変数変換すれば、$X^2 - Y = 0$ となり、これはよく知られた放物線に他ならない。□

このようにして、アフィン幾何学においては円錐曲線（非退化二次曲線）は3種類しか存在しないことがわかった。したがって、アフィン幾何学で円錐曲線を考えるときには、それを単位円や直角双曲線、そして標準的な放物線として考えても一般性を失わないことになる！

この定理の応用として §3.7 の定理 3.27 の特別な場合を証明をしてみよう。

定理 5.7　再掲

楕円 C と楕円外の一点 A を考える。A を通り C と 2 点で交わる 2 本の直線 m_1, m_2 に対して C と m_1 の交点を P_1, P_2、C と m_2 の交点を Q_1, Q_2 とおく。このとき、2 直線 P_1Q_2 と P_2Q_1 の交点 R は m_1, m_2 の選び方によらず、定直線 L 上にある。

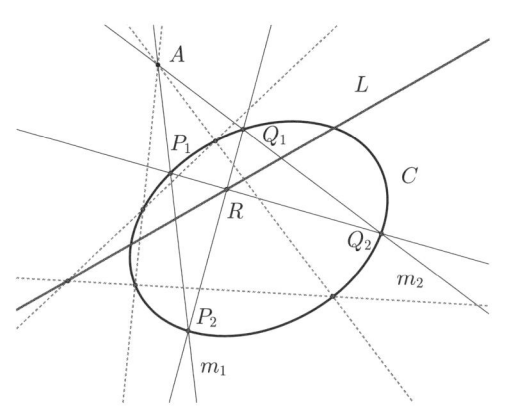

図 5-3　円錐曲線版四辺形性定理

[証明]　まず A を通り楕円とは交わらない直線を考え、これを射影変換によって無限遠直線に写す。このとき、直線は楕円と交わっていないから、射影変換によって C を写した像は無限遠点を持たない。したがってその像はまた楕円である。さらにアフィン変換によってこの楕円を単位円に写そう。アフィン変換では無限遠直線は無限遠直線のまま保たれるので、A はやはり無限遠点のままである。

このようにして元の定理は、C が単位円で A が無限遠点である場合に帰着する。

このとき A を通り C と 2 点で交わるような 2 本の直線 m_1, m_2 は、単位円と交わる平行な 2 直線になる。したがって定理の主張にあらわれる定直線 L は円の中心を通り、2 本の直線 m_1, m_2 に垂

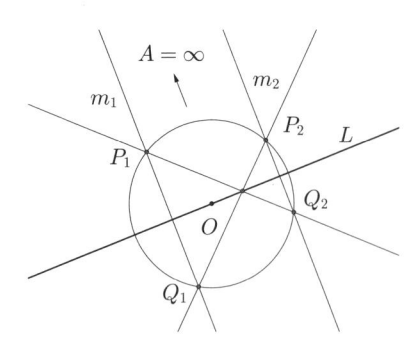

図 5-4　単位円と A が無限遠点の場合

直な直線に他ならない。　□

　定理では C を楕円としたが、これはもちろん任意の円錐曲線でよい。しかし、この証明では A が楕円の内部にあるときに破綻をきたしてしまう。点 A が楕円の内部にある場合の証明については章を改めて §6.4 で述べることにする。

5.4　点配置と直線

　射影変換を使うと、射影平面上の任意の一般の位置にある 4 点の組は互いに写しあうことができるのであった（定理 4.13）。では、アフィン変換を使うとどうだろうか？　アフィン変換は無限遠直線を動かさないので、一般の射影変換よりも自由度が少し落ちている。それを考えに入れると、自然と次の定理が浮かぶであろう。

定理 5.8
　平面 $\mathbb{R}^2$ 上の一般の位置にある任意の 3 点はアフィン変換に

よってたがいに写りあう。特に、任意の三角形は、アフィン変換によって、辺の長さが 1 の正三角形に写すことができる。

[証明] この定理を数式を用いた証明といささか直感的に、図形を用いて証明する方法の二通りに証明しておこう。

まず、数式で考えてみる。そのため、平面上の一般の位置にある任意の 3 点 $\boldsymbol{a} = {}^t(a_1,a_2)$, $\boldsymbol{b} = {}^t(b_1,b_2)$, $\boldsymbol{c} = {}^t(c_1,c_2)$ を取り、これを ${}^t(0,0)$, ${}^t(1,0)$, ${}^t(0,1)$ に写すことを考えよう。まず平行移動 $T_{-\boldsymbol{a}}(\boldsymbol{x}) = \boldsymbol{x}-\boldsymbol{a}$ によって 3 点を写すと $\boldsymbol{0}, \boldsymbol{b}-\boldsymbol{a}, \boldsymbol{c}-\boldsymbol{a}$ となる。もともと 3 点は一般の位置にあったので、それを平行移動したものもやはり一般の位置にあるはずである。したがって $\boldsymbol{b} - \boldsymbol{a}, \boldsymbol{c} - \boldsymbol{a}$ は平行でない。そこで、この 2 つのベクトルを並べてできる行列は正則であるから、逆行列を

$$A = \begin{pmatrix} b_1 - a_1 & c_1 - a_1 \\ b_2 - a_2 & c_2 - a_2 \end{pmatrix}^{-1}$$

とおこう。すると $A(\boldsymbol{b}-\boldsymbol{a}) = \boldsymbol{e}_1$, $A(\boldsymbol{c}-\boldsymbol{a}) = \boldsymbol{e}_2$ だから、結局アフィン変換

$$\boldsymbol{x} \longmapsto \boldsymbol{x} - \boldsymbol{a} \longmapsto A(\boldsymbol{x} - \boldsymbol{a}) = A\boldsymbol{x} - A\boldsymbol{a}$$

によって 3 点は $\boldsymbol{0}, \boldsymbol{e}_1, \boldsymbol{e}_2$ に写る。これが示したかったことであった。

次にこの証明を図形的に考えてみよう。そこで、3 点 A, B, C を頂点とする三角形を考える。まず平行移動によって A を原点 O に写す。平行移動はアフィン変換だったから、アフィン変換を考える限り、A は原点であるとしてよい。そこで、次に回転移動によって辺 AB を x 軸に重ねる。さらに x 方向の拡大・縮小を行って B の位置ベクトルは $\boldsymbol{e}_1$ であるとしてよいだろう。後は、すでに紹介した変換（5.3）と同様の、x 軸方向へのずらし変換

$$\begin{cases} X = x + \gamma y \\ Y = y \end{cases} \quad (\gamma \text{ は定数})$$

によって C を y 軸に重ね、しかるのち拡大・縮小によって位置ベクトルを e_2 に調整すればよい。 □

演習 5.9 一般の三角形を正三角形にアフィン変換で写すことによって、「三角形の頂点と対辺の中点を結んだ直線は一点で交わり、頂点と対辺の中点を $2:1$ に内分する」という定理を証明せよ。同様に考えれば、中点連結定理なども正三角形で証明すればよいことがわかる。

演習 5.10 任意の平行四辺形はアフィン変換によって単位正方形に写すことが出来ることを示せ。また、このことを用いて「平行四辺形の2つの対角線は中点で交わる」ことを証明せよ。

アフィン変換は射影変換の一種であったから、定理 5.8 を射影変換の言葉に書き直すこともできる。

定理 5.11

射影平面 $\mathbb{P}^2(\mathbb{R})$ 上の直線 ℓ と ℓ 上になく、共線でもない3点 A, B, C の組は射影変換によってたがいに写りあう。

[証明] まず、射影変換によって ℓ を無限遠直線 ℓ_∞ に写す。すると3点 A, B, C の像はもちろん無限遠点ではなく、有限平面上の点である。したがってこの3点はアフィン変換によって共線でない任意の3点に写すことができる。アフィン変換は無限遠直線を動かさないので、このようにして ℓ と A, B, C の組同士はすべて写りあうことがわかる。 □

第6章

円錐曲線

　円錐曲線についてはすでにいろいろな形で学んできた。そこで、この章では、点や直線と円錐曲線の位置関係、つまり配置問題について主に考えてみよう。そのとき、円錐曲線に関して点と直線が互いに関係し合うこと、また射影幾何学の定理がそのような点と直線の間の関係に対して美しい対称性を持つことを説明する。

非退化な二次曲線を円錐曲線と呼ぶのであった。任意の円錐曲線は、射影変換によって単位円に写すことができるから、射影幾何で考えると円錐曲線とは単位円のことであると言ってもよい。このように円錐曲線を単独で考えるとすこぶる単純であるのだが、直線や点との相対的な位置関係を考え始めると、ものごとはそう簡単ではない。

この章では、まずパスカルの定理を例にとって、円錐曲線と直線の配置について考える。このパスカルの定理は、射影幾何学の定理群の中でも白眉の美しさを持ち、しかも"射影とは何か"について深い洞察を与えてくれる。

実は、円錐曲線を介して、平面上の点と直線は互いに対応しあうのだが、そのような対応を"双対性"と呼んでいる。双対原理は射影幾何学において非常に重要な役割を担っているが、点が直線になったり、直線が点になったり、あるいは共線関係が共点の関係を導いたり、予想もしない新しい図形の性質を我々に示してくれるとともに、不思議な感動をもたらしてくれるであろう。

6.1 パスカルの定理

円錐曲線に関する射影幾何の定理でもっとも有名でかつ歴史的にも重要であるのがパスカルの定理であろう。

定理 6.1

楕円に内接する六角形の3組の対辺の交点は共線である。

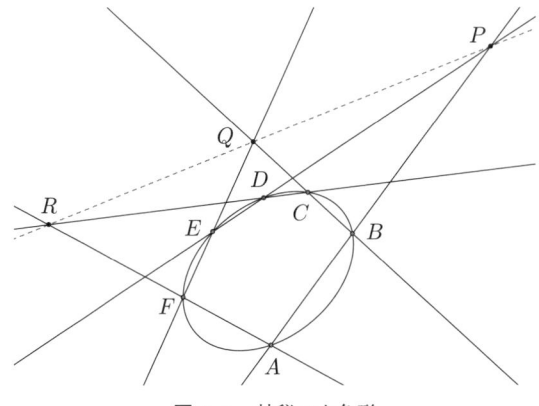

図 6-1 神秘の六角形

この定理はパスカルのごく短い論文『円錐曲線試論』[1]において述べられているもので、楕円に内接する六角形は俗にパスカルの**神秘の六角形**と称されている。また、3組の対辺の交点が載っている直線をパスカル線と呼ぶ。

定理 6.1 が射影幾何の定理であることは簡単にわかるであろう。楕円や、内接するという関係、3点が共線である（つまり一直線上にある）という関係などは射影変換によって変わらない。おそらくパスカルがこの定理をそのようにとらえた最初の人であっただろう。というのも『円錐曲線試論』にはこの定理がまず円に対して述べられ、それゆえ射影によって楕円でも成り立つと書かれているからである。我々はそのパスカルの考え方に従ってこの定理を証明してみよう。

楕円に内接する六角形の頂点を反時計回りに A, B, C, D, E, F とし、対辺 AB と DE の交点を P、対辺 BC と EF の交点を Q、対

---

[1] "Essay pour les coniques" (1640). このわずか一枚の紙に印刷された論文は誠に興味深いものである。これを眺めてみると、パスカルが 16 歳にしてすでに複比（非調和比と呼ばれていた）の概念を自在に扱い、さらに射影幾何の中心的な概念である線束や円錐曲線について深い理解を得ていたことが窺い知れる。これについては河村央也氏の web ページ http://aozoragakuen.sakura.ne.jp/pascal/node6.html が大変役に立つ。

辺 CD と FA の交点を R とする[2]。

示したいのは P, Q, R が同一直線上にあることである。そこで直線 PQ を考え、これを射影変換によって無限遠直線に写そう。直線 PQ は明らかに楕円とは交わらない[3] ので、射影変換による楕円の像は、また内接六角形を持つ楕円となっている。このとき、我々が示したいのは R もまた無限遠点であるということである。

そこで、アフィン変換によってこの楕円を単位円に写そう。アフィン変換は無限遠直線を保つから、このようにしても状況はほとんど変わらず、楕円の代わりに円を考えれば良いことになる。P, Q は無限遠点であるから、これは $AB \parallel DE$ および $BC \parallel EF$ を意味している（図 6-2 参照）。状況をまとめておこう。つまり

> 単位円に内接する六角形の頂点を反時計回りに A, B, C, D, E, F とする。このとき、二組の対辺 AB と DE、および BC と EF は平行である。

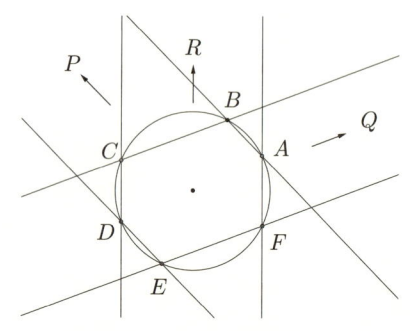

図 6-2　円の内接六角形で 2 組の対辺が平行なら他の 1 組も平行

示すべきことは、残りの一組の対辺 CD と FA もまた平行である（つまり交点 R が無限遠点である）ことであるが、これは今や

---

[2] この「反時計回りに」という部分は射影変換で不変でなく、このように書くと射影幾何学の定理でなくなってしまう。これについてはすぐ後で述べる定理 6.2 を参照してほしい。

[3] 直感的には明らかだが、実は数学的にはそれほど明らかとは言えない。今はこの事実を認めて先に進もう。

簡単な演習問題である。初等幾何に訴えることになるが、証明しておこう。

まず $AB \parallel DE$ だから、錯角 $\angle BAD = \angle ADE$ が等しい。円周角の定理より、同じ円周角を持つ弧の長さは等しいから $\widehat{BCD} = \widehat{EFA}$ である。逆向きの円周角を考えて、$\angle BCD = \angle EFA$ がわかるが、$BC \parallel EF$ なので $CD \parallel FA$ が従う。

さて、このようにして楕円の場合に示されたパスカルの定理の主張は射影変換によって変わらないはずだから、円錐曲線は楕円でなくてもよいし、内接六角形は実は円錐曲線上の (順序のついた) 任意の 6 点でもよいはずである。このように考えて、射影幾何学の定理として真の意味のパスカルの定理を述べようとすると次のようになる。

定理 6.2

円錐曲線 C 上の相異なる 6 点 $A_1, A_2, \ldots, A_6$ に対して、直線 $A_k A_{k+1}$ と $A_{k+3} A_{k+4}$ の交点を P_k とする ($k = 1, 2, 3$)。ただし $A_7 = A_1, A_8 = A_2$ などと 6 を法とした巡回的な添字付けを考えるものとする。このとき 3 つの交点 P_1, P_2, P_3 は共線である。

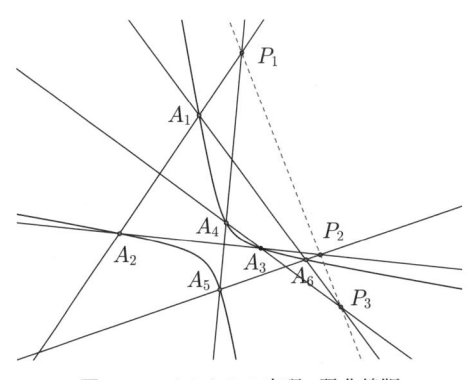

図 6-3 パスカルの定理: 双曲線版

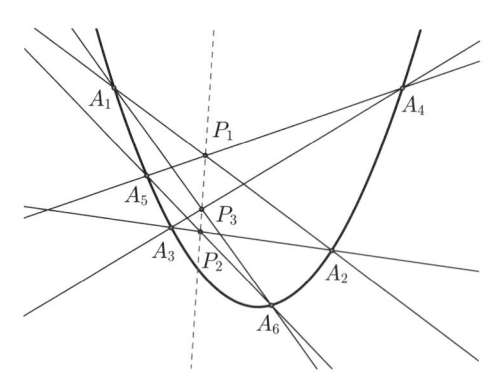

図 6-4 パスカルの定理: 放物線版

このようにパスカルの定理を定式化すると楕円の場合に行った証明はそのままでは通用しない。というのもそこでは P_1, P_2, P_3 が載っている共通の直線が円錐曲線とは交わっていないと仮定したからである。そこで、この定理の証明を複比を用いて与えてみよう。

[証明] まず

$$M = A_3A_4 \cap A_5A_6, \qquad N = A_4A_5 \cap A_6A_1$$

とおく (図 6-5 参照)。定理 4.19 で得られた円錐曲線の方程式より、高次の複比の間に関係式

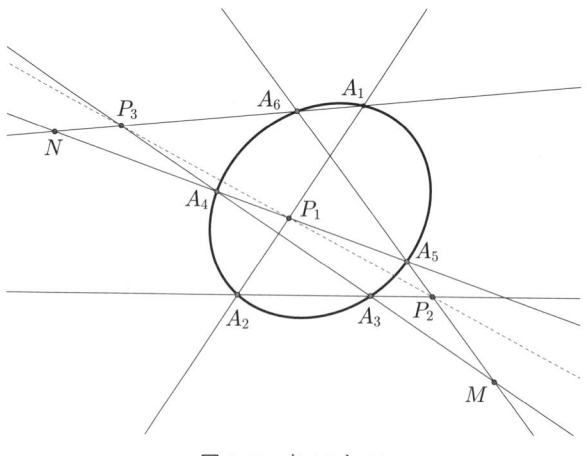

図 6-5 点 M と N

$$\mathrm{cr}^{(2)}(A_2, A_4; A_1; A_5, A_6) = \mathrm{cr}^{(2)}(A_2, A_4; A_3; A_5, A_6)$$

が成り立っている。

次の補題に注意しよう。

補題6.3

高次の複比 $\mathrm{cr}^{(2)}(A, B; P; C, D)$ に対して、A' を直線 PA 上の点、B' を直線 PB 上の点、C', D' を同様に取る。また A', B', C', D' はすべて P と異なるとする。このとき

$$\mathrm{cr}^{(2)}(A, B; P; C, D) = \mathrm{cr}^{(2)}(A', B'; P; C', D')$$

が成り立つ。

[証明] $\mathrm{cr}^{(2)}(A, B; P; C, D) = \mathrm{cr}^{(2)}(A', B; P; C, D)$ を示す。他の点 B, C, D についても同様の方針で示すことが出来る。A の斉次座標を $[\boldsymbol{a}]$ などと書いて、高次の複比を行列式で表した式を思い出そう。

$$\mathrm{cr}^{(2)}(\boldsymbol{a}, \boldsymbol{b}; \boldsymbol{p}; \boldsymbol{c}, \boldsymbol{d}) = \frac{|\boldsymbol{a}\ \boldsymbol{p}\ \boldsymbol{c}| \cdot |\boldsymbol{d}\ \boldsymbol{p}\ \boldsymbol{b}|}{|\boldsymbol{c}\ \boldsymbol{p}\ \boldsymbol{b}| \cdot |\boldsymbol{a}\ \boldsymbol{p}\ \boldsymbol{d}|} \tag{6.1}$$

であった。ここに $\boldsymbol{a}$ の代わりに $\boldsymbol{a}'$ を代入することになるが、A' は直線 AP 上にあるので、$\boldsymbol{a}' = \lambda \boldsymbol{a} + \mu \boldsymbol{p}$ と書ける。ここで $A' \neq P$ なので $\lambda \neq 0$ であることに注意しよう。すると、行列式の性質から

$$|\boldsymbol{a}'\ \boldsymbol{p}\ \boldsymbol{c}| = |(\lambda \boldsymbol{a} + \mu \boldsymbol{p})\ \boldsymbol{p}\ \boldsymbol{c}|$$
$$= \lambda |\boldsymbol{a}\ \boldsymbol{p}\ \boldsymbol{c}| + \mu |\boldsymbol{p}\ \boldsymbol{p}\ \boldsymbol{c}| = \lambda |\boldsymbol{a}\ \boldsymbol{p}\ \boldsymbol{c}|,$$

同様にして $|\boldsymbol{a}'\ \boldsymbol{p}\ \boldsymbol{d}| = \lambda |\boldsymbol{a}\ \boldsymbol{p}\ \boldsymbol{d}|$ だから、式 (6.1) に $\boldsymbol{a}'$ を代入した式は、分母分子で λ が相殺して $\boldsymbol{a}$ を使った元の式と同じに

なる。　□

　この補題を用いると、P_1 は直線 A_1A_2 上にあり、N は直線 A_1A_6 上にあるので

$$\mathrm{cr}^{(2)}(A_2, A_4; A_1; A_5, A_6) = \mathrm{cr}^{(2)}(P_1, A_4; A_1; A_5, N)$$
$$= \mathrm{cr}(P_1, A_4; A_5, N)_{A_1}$$

である。ただし、最後の式は、4 点 P_1, A_4, A_5, N が共線であるから、4 点の複比に直してある。同様にして、P_2 は直線 A_3A_2 上にあり、M は直線 A_3A_4 上にあるので

$$\mathrm{cr}^{(2)}(A_2, A_4; A_3; A_5, A_6) = \mathrm{cr}^{(2)}(P_2, M; A_3; A_5, A_6)$$
$$= \mathrm{cr}(P_2, M; A_5, A_6)_{A_3}$$

である。点 P_2, M, A_5, A_6 はやはり共線であることに注意する。

　この 2 式は等しいから、4 点の複比同士が等しい。

$$\mathrm{cr}(P_1, A_4; A_5, N) = \mathrm{cr}(P_2, M; A_5, A_6)$$

すると、定理 4.24 の (3) により、二組の直線が A_5 で交わっているので、3 直線 P_1P_2, A_4M, NA_6 は共点である。ところが、直線 A_3A_4 は A_4M に等しく、直線 NA_6 は A_6A_1 に等しいから、この 2 直線は P_3 で交わっている。したがって 3 直線の交点がまさしく P_3 となるので、P_1, P_2, P_3 は共線である。　□

　複比を使った証明は複雑に見えるかもしれないが、必要なのは式の計算だけである。以前の証明では、最後に（簡単だとはいえ）初等幾何の証明を行ったが、それも必要がない。何よりも、この証明では場合分けがまったく不要である。

5点を通る円錐曲線

パスカルの定理をヒントにして、与えられた5点を通るような円錐曲線を作図する方法を考えてみよう。平面内の一般の5点 $A_1, \ldots, A_5$ を与えられると、この5点を通る円錐曲線がただ一つ定まる。そこで第6点 $B = A_6$ をこの円錐曲線上に取り、パスカルの定理を適用してみる。まず A_1A_2 と A_4A_5 の交点を P とする。すると直線 A_2A_3 と A_5B の交点 Q および A_3A_4 と BA_1 の交点 R、そして P はすべて同一直線上にあるはずである。逆にこの情報から B を決めよう。

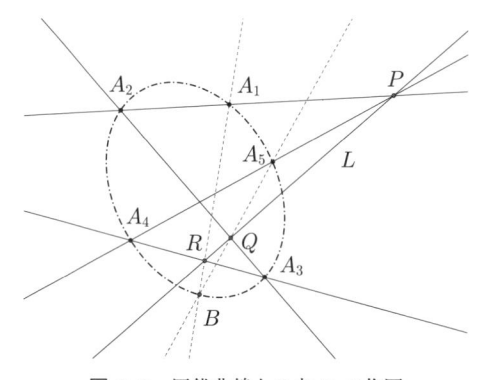

図 6-6 円錐曲線上の点 B の作図

そこで P を通る任意の直線 L を考え、L と A_2A_3 の交点を Q、L と A_3A_4 の交点を R とする。点 B を直線 RA_1 と QA_5 の交点として定めよう。するとこの B は求める円錐曲線上の点である[4]。

このようにして、与えられた5点から直線を引くことだけで円錐曲線上の点が作図できる。もちろん円錐曲線上の点をすべて作図するわけにはいかないが...

演習 6.4 与えられた2直線 ℓ_1, ℓ_2 と3点 P, A_1, A_2 を用いて円錐曲線を作図しよう。P を通る直線 L と ℓ_1, ℓ_2 の交点をそれぞれ Q, R

---

[4] 正確にはパスカルの定理そのものではなく、その逆を用いることになるが、これは定理 6.2 の証明を逆にたどってゆくことで示すことができる。

とする。直線 QA_1 および RA_2 の交点 B は L の取り方によらずある円錐曲線上の点になる。PA_1 と ℓ_2 の交点を A_3、PA_2 と ℓ_1 の交点を A_4、ℓ_1 と ℓ_2 の交点を A_5 とすると、この曲線は $A_1,\ldots,A_5$ を通る円錐曲線になることを示せ。

[答. $B = A_6$ を円錐曲線上の点とすると、A_1A_3 と A_2A_4 の交点が P であって、$\ell_1 = A_4A_5$ と A_1A_6 の交点が Q、$\ell_2 = A_3A_5$ と A_2A_6 の交点が R となる。パスカルの定理より P, Q, R は共点である。]

🌳 連続の原理と曲線の退化

パスカルの定理は奥が深く、まだまだすべて語り尽くせないが、最後に一つ、射影幾何学の指導原理をパスカルの定理にあわせて述べておこう。その原理は**連続の原理**とでもいうべきものである。

パスカルの定理は円錐曲線に関するものであるが、円錐曲線を定義する二次式はその係数をパラメータとして連続的に変形することができるであろう。このような変形をしても定理の内容はもちろん変わらないが、例えばパスカル線は連続的に変化することがわかるだろう。このとき、係数が退化して二次曲線が 2 本の直線の和になってしまうことがある。そのようなとき、定理はどのようになるだろうか？ 簡単な図を描いて考えてみるとわかるが、点の配置がよいときには 2 本の直線の和に対するパスカルの定理は実はパップスの定理（定理 2.14）に他ならない。この意味で射影幾何学は多くの場合、変形や退化に対して安定的にふるまう[5]。

さて、パップスの定理がパスカルの定理の退化であったように、

---

[5] ここでいう変形や退化を数学的に厳密に定義するのはかなり難しい。しばしば退化の際には退化した対象の「重複度」を正確に数えることが要求される。また、どのような退化が正しい定理を導くのかというテーマは交叉理論と呼ばれる現代の最先端の幾何学と深く関係している。交叉理論の入門的な紹介については例えば [1] を参照するとよいだろう。

パスカルの定理はより高次の曲線やより高次元の幾何学の退化あるいは射影なのではあるまいか。そのようにしてすべての幾何学の定理を包摂する親玉のような定理がどこかにあるのか空想してみることは楽しい。

6.2 双対原理

平面射影幾何学では、点と直線の間の双対という概念がしばしば有効である。例として、§2.3.1 で証明した定理 2.6 の双対を考えてみよう。

定理 6.5 再掲

三角形 $\triangle ABC$ に内接する楕円の接点を図のように P, Q, R とする。このとき、3 本の直線 AP, BQ, CR は共点である。

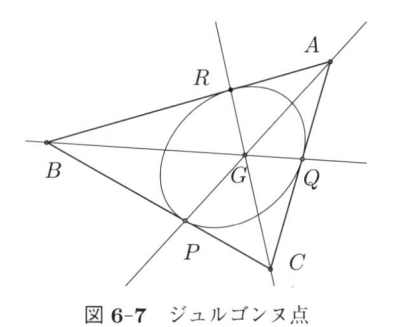

図 6-7 ジェルゴンヌ点

この定理において、直線と点を置き換えてみる。このとき、同時に他の概念も次のように置き換える。

$$
\begin{array}{ccc}
2\text{直線の交点} & \longleftrightarrow & 2\text{点を結ぶ直線} \\
\text{楕円の接線} & \longleftrightarrow & \text{楕円上の点} \\
\text{共点} & \longleftrightarrow & \text{共線}
\end{array}
$$

すると上の定理は次のように書きなおされるであろう。

定理 6.6

楕円に内接する三角形 $\triangle P_1 P_2 P_3$ を考える。点 P_i における楕円の接線を L_i と書き、L_i と直線 $P_j P_k$ との交点を Q_i とする。ただし i, j, k は $1, 2, 3$ の順列である。このとき、3つの交点 Q_1, Q_2, Q_3 は共線である。この直線をジュルゴンヌ線と呼ぶ。

もとの命題が真ならば、このようにして書き直された命題もまた真である、というのが射影幾何学における双対原理である。いまの場合、定理 6.5 が正しいので、定理 6.6 も正しいことになる。双対原理が成り立つ理由についてはこの後の節で解説するのでここでは定理 6.6 の証明はしない。しかし、この定理は双対原理を使わないでも次のようにしてその正しさを実感することができる。

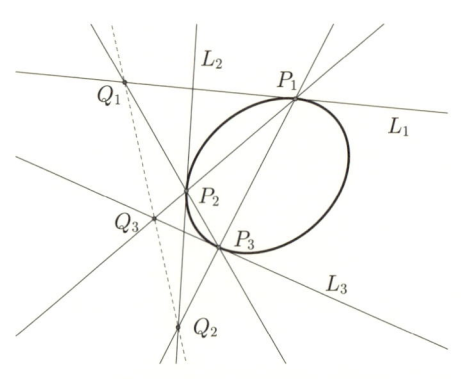

図 6-8　ジュルゴンヌ線

前節末で説明したように、射影幾何学においては一般の配置にある直線や点をうまく退化させてしばしば有益な定理を得ることができるが、このジュルゴンヌ線の定理はパスカルの定理の退化版と思うことができるのである。というのも楕円に内接する六角形 $P_1, \ldots, P_6$ のうち、$P_1 = P_2$, $P_3 = P_4$, $P_5 = P_6$ と2点ずつが一致する場合を考えると、辺 $P_1 P_2$ はちょうど $P_1 = P_2$ において楕円の接線に退化すると考えられるからである。

　定理の退化についてはこの程度にしておいて、双対性のもう一つの例をあげよう。デザルグの定理 2.12 を考えてみる。定理の主張は次のようであった。

定理 6.7 **再掲**

　射影平面上の2つの三角形 $\triangle ABC$ と $\triangle A'B'C'$ の対応する頂点を結ぶ3本の直線 AA', BB', CC' が共点であるとする。このとき、対応する辺を延長した直線同士の交点

$$P = AB \cap A'B', \quad Q = BC \cap B'C', \quad R = CA \cap C'A'$$

は共線である。

この定理の双対を取ると次のようになる。

定理 6.8

　平面上の3本の直線 ℓ_A, ℓ_B, ℓ_C と $\ell_{A'}, \ell_{B'}, \ell_{C'}$ の組を考える。対応する2直線の3つの交点 $\ell_A \cap \ell_{A'}, \ell_B \cap \ell_{B'}, \ell_C \cap \ell_{C'}$ が共線ならば、次の3本の直線

$$\ell_P = (\text{交点 } \ell_A \cap \ell_B \text{ と } \ell_{A'} \cap \ell_{B'} \text{ を通る直線})$$

$$\ell_Q = (\text{交点 } \ell_B \cap \ell_C \text{ と } \ell_{B'} \cap \ell_{C'} \text{ を通る直線})$$

$$\ell_R = (\text{交点 } \ell_C \cap \ell_A \text{ と } \ell_{C'} \cap \ell_{A'} \text{ を通る直線})$$

は共点である。

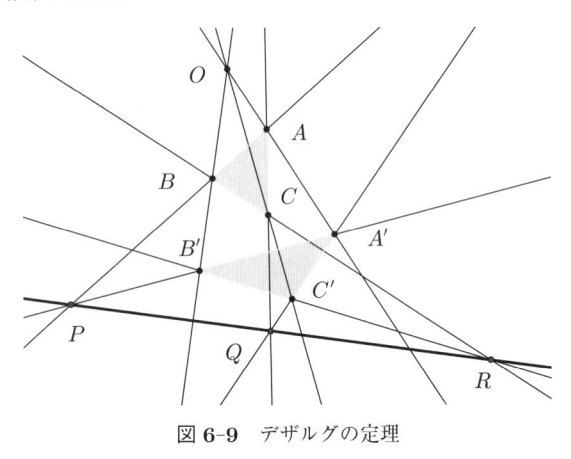

図 6-9 デザルグの定理

少々複雑なので、わかりやすいように、点 A に双対原理で対応する直線を ℓ_A などと書いた。したがって、直線 AB には、交点 $\ell_A \cap \ell_B$ が対応していることになる。この定理を図で表したのが図 6-10 である。

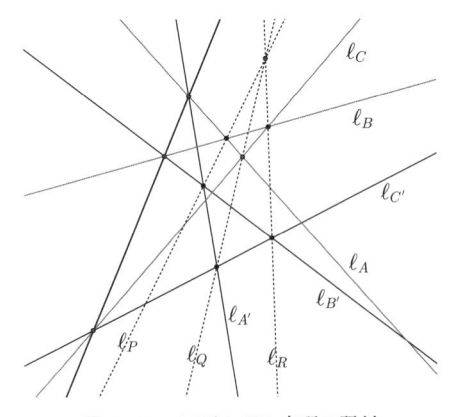

図 6-10 デザルグの定理の双対

このように図を描いてみると明らかになるが、デザルグの定理の双対定理はデザルグの定理の逆そのものである！ したがって双対原理を認めるとデザルグの定理は自分自身の逆もまた内包している

ことになる。

　このように双対原理はときに思いもかけない定理を自動的に生成する機構として働く。そこで、なぜ双対原理が成り立つのかを以下説明しよう。双対性は実は二次曲線と少なからず関係があるのである。

6.3　円の極線

　非退化二次曲線の一つである楕円 C を考える。楕円外の一点 P からこの楕円に 2 本の接線を引き、接点を P_1, P_2 としよう。このとき、直線 $P_1 P_2$ を点 P を極とする**極線**と呼ぶ。

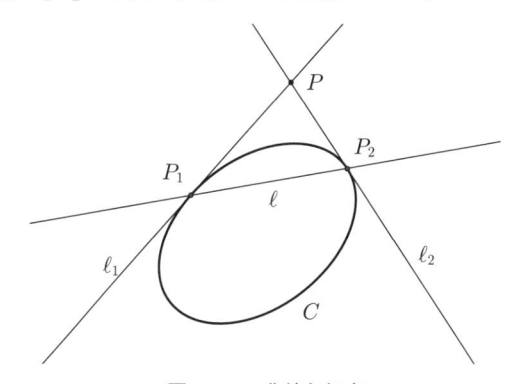

図 6-11　曲線と極点

　逆に、直線 ℓ が与えられており、ℓ と楕円 C が 2 点で交わるとする。交点を P_1, P_2 とし、この交点において楕円の接線 ℓ_1, ℓ_2 を引く。ℓ_1, ℓ_2 の交点 P は極線を ℓ とする**極点**になっている。

　また、極点 P と極線 $\ell = P_1 P_2$ 上の点は互いに共役であるという。

　これを C が単位円 $x^2 + y^2 = 1$ の場合に見ておこう。以下しばらくの間、射影平面ではなく、通常の xy 平面で考えることにする。

また座標を時と場合に応じて横ベクトルの形に書く。

まず円周上の点 (a, b) における単位円の接線は $ax + by = 1$ で与えられることに注意しよう。円外の点 $P(\xi, \eta)$ がこの接線上にあるとすると $a\xi + b\eta = 1$ が成り立つ。そこで P から引いた単位円への接点を $P_1(a_1, b_1)$ および $P_2(a_2, b_2)$ とおくと、

$$\begin{cases} a_1\xi + b_1\eta = 1 \\ a_2\xi + b_2\eta = 1 \end{cases} \tag{6.2}$$

が成り立っている。つまり

$$A = \begin{pmatrix} a_1 & b_1 \\ a_2 & b_2 \end{pmatrix} \quad \text{とおくと} \quad A \begin{pmatrix} \xi \\ \eta \end{pmatrix} = \begin{pmatrix} 1 \\ 1 \end{pmatrix}$$

である。P_1, P_2 が直径の両端になる[6]ことはないので、A は正則行列、つまり $\det A = a_1 b_2 - a_2 b_1 \neq 0$ であることに注意しよう[7]。

一方、直線 $P_1 P_2$ の方程式は

$$(b_1 - b_2)x - (a_1 - a_2)y + (a_1 b_2 - a_2 b_1) = 0$$

であるが、この方程式に (6.2) 式を連立して解いた式

$$\begin{pmatrix} \xi \\ \eta \end{pmatrix} = A^{-1} \begin{pmatrix} 1 \\ 1 \end{pmatrix} = \frac{1}{a_1 b_2 - a_2 b_1} \begin{pmatrix} b_2 - b_1 \\ a_1 - a_2 \end{pmatrix}$$

を代入してまとめると、結局、直線 $P_1 P_2$ の方程式は

$$\xi x + \eta y = 1$$

となる。これが極を $P(\xi, \eta)$ とする極線の方程式である。

この式は答がわかっていれば次のように考えても導くことができる。直線 $\xi x + \eta y = 1$ を考えると、式 (6.2) はこの直線が 2 点 $P_1(a_1, b_1)$ と $P_2(a_2, b_2)$ を通ることを意味している。直線はその通過する二点によって決まるから、たしかに $P_1 P_2$ の方程式は $\xi x +$

---

6) このような 2 点を対蹠点と呼ぶ。
7) 無限遠点を考えるときには問題となるが、それはしばし措く。

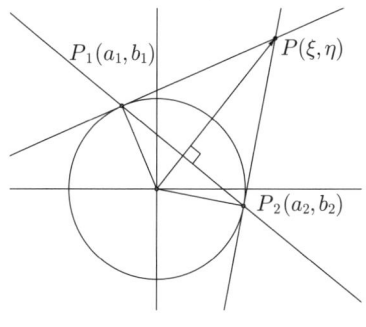

図 6-12　極線の方程式

$\eta y = 1$ でなければならない。

演習 6.9　　図に書いて考えよう。すると、直角三角形の相似などを用いて考えれば、直線 $P_1 P_2$ は、方向 (ξ, η) に垂直で、原点からの距離が $1/r$ ($r = \sqrt{\xi^2 + \eta^2}$) の直線であることがすぐにわかる。そのような直線はヘッセの標準形から

$$\frac{\xi x + \eta y}{\sqrt{\xi^2 + \eta^2}} = \frac{1}{\sqrt{\xi^2 + \eta^2}}$$

となることを導け（定理 1.11 参照）。分母を払えば、これは極線の方程式である。

極線の方程式が求まったので、共役関係がいつ成り立つのかについて確認してみると、

> $P(\xi, \eta)$ と $Q(a, b)$ が共役であるのは
> $\xi a + \eta b = 1$ が成り立つときである。

ことがわかる。

以上の議論では P から単位円に 2 本の接線が引けることが条件であったから、P は単位円の外、つまり、その座標 (ξ, η) は $\xi^2 + \eta^2 > 1$ を満たしていなければならない。しかし、上で得られた共

役関係の式 $\xi a + \eta b = 1$ を見れば、この式には特に ξ, η に関する制約がないことがわかるだろう。しかも式の形は P, Q の座標に関して対称である。

そこで、共役関係を対称に拡張することによって、単位円の内部の点 $Q(a,b)$ に対しても極線を定義してみよう。Q を通る直線 ℓ を引くと、Q は単位円の内部にあるから、ℓ は単位円と 2 点で交わる。その 2 点で単位円に接線 ℓ_1, ℓ_2 を引けば、ℓ_1, ℓ_2 は一点 P で交わる。この点が Q と共役であることは上の議論で明らかだろう。このようにして、Q を通る直線一本一本に対して、Q の共役点が決まる。

補題 6.10

単位円の内部の点 Q に対して、共役点はすべて一直線上にあり、共線である。

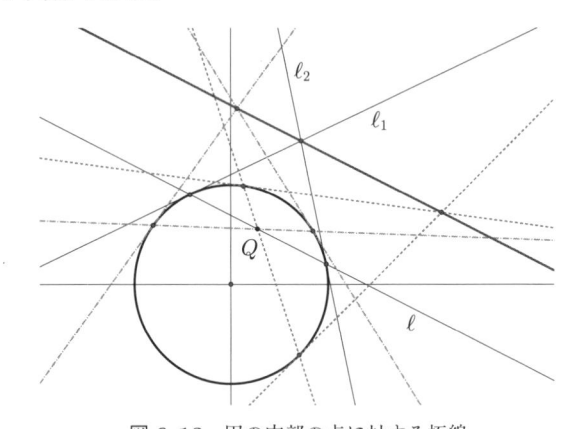

図 6-13 円の内部の点に対する極線

[証明] $Q(a,b)$ とおく。その共役点の一つを $P(\xi, \eta)$ とすると、上の議論から、P を極とする極線は Q を通る。したがって $a\xi + b\eta = 1$ である。つまり $P(\xi, \eta)$ はすべて共通の直線 $ax + by = 1$ 上にあり、共線である。

これで証明終りと言いたいところだが、この証明には重大な欠陥がある。賢明な読者はもうお気づきだと思うが、そう、Q が原点 $O(0,0)$ の場合にこの証明は破綻する。この時は、上の直線が $0 \cdot x + 0 \cdot y = 1$ となり、方程式を満たす点はどこにもないから、この方程式は空集合を表している！

そこでもう一度元に戻って考え直してみると、原点 O を通る直線、つまり単位円の直径を延長した直線を引く。このとき、単位円とこの直線との交点は直径の両端、つまり円の対蹠点であるような2点である。この2点において円に接線を引くと、2本の直線は平行であって交わらない！

しかし我々は既にこのような場合の対処法を知っている。つまり無限遠点を考えればよいのである。そこで、ここまでは有限の xy 平面で考えてきたのだが、無限遠点を付け加えた射影平面 $\mathbb{P}^2(\mathbb{R})$ に戻って考えてみることにしよう。初めは慣れなかった射影平面だったが、ここまでくると射影平面で考えなければ不便だという気がしてくるから不思議である。

射影平面においては2本の平行直線は無限遠点で交わる。つまり原点と、件の2本の平行接線の交点である無限遠点は互いに共役である。このようにして、原点と共役な点はすべて無限遠直線上にあることがわかり、これらは確かに共線である。無限遠直線を斉次座標で表すと、

$$0 \cdot x + 0 \cdot y + 1 \cdot z = 0$$

であって、原点の斉次座標は $[0:0:1]$ であるから、単位円の内部の点 $Q[a:b:1]$ の極線は斉次座標で書くと

$$a \cdot x + b \cdot y + 1 \cdot z = 0$$

となることがわかった。 □

単位円の内部の点 Q に対して、この補題によって存在の保証された、Q と共役な点全体のなす直線を、Q を極とする**極線**と呼ぶ。このようにして、円の外部の点も内部の点も極線を持つことがわかったが、あと考えるべきは円周上の点 (a,b) であろう。このときは円の外側からの極限や円の内側からの極限を考えることにより、極線として点 (a,b) における単位円の接線を考えるべきであることが容易に納得されるであろう。接線の方程式はちょうど $ax+by=1$ である！

さて、補題の証明では原点の共役点を考えるために射影平面で考えた。そこで無限遠点を極とする極線も考えておく必要があるが、それはもちろん原点を通る直線になるはずである。無限遠点 $[\xi:\eta:0]$ から単位円に接線を引くと、その接線は2本あって、方向が (ξ,η) で原点からの距離が1の直線になる。接点は、法線方向が (ξ,η) の原点を通る直線と単位円の2つの交点となり、接点同士を結ぶと、$\xi x + \eta y = 0$ がその方程式となる。つまり、無限遠点 $[\xi:\eta:0]$ を極とする極線の方程式は $\xi \cdot x + \eta \cdot y + 0 \cdot z = 0$ である。

今までわかったことを2つの定理にまとめておこう。

定理6.11

射影平面 $\mathbb{P}^2(\mathbb{R})$ における単位円 $x^2+y^2=z^2$ を考える。このとき、点 $P\,[a:b:c]$ を極とする極線の方程式は $ax+by+cz=0$ で与えられる。

定理6.12

射影平面 $\mathbb{P}^2(\mathbb{R})$ 上の単位円 C に対して、点 P を極とする極線を ℓ_P と表す。このとき、射影平面上の点 P にその極線 ℓ_P を対応させる写像は全単射であり、次を満たす。

（1）P と共役な相異なる2点 Q_1, Q_2 に対して、直線 $Q_1 Q_2$ は

極線 ℓ_P に一致する。

(2) 任意の直線 L に対して、L 上の点 P を極とする極線の集合 $\mathcal{P}_L = \{\ell_P \mid P \in L\}$ を考える。このとき $\mathcal{P}_L$ は共点であり、その共通の交点を Q と書くと、Q を頂点とする直線束をなす。また、Q を極とする極線はもとの直線 L に一致する。つまり $L = \ell_Q$ が成り立つ。

(3) ある点 P を頂点とする直線束 $\mathcal{L}_P = \{L : \text{直線} \mid P \in L\}$ を考える。L が直線束に属するとき、$L = \ell_Q$ となるような極点 Q を Q_L と書く。このとき $\{Q_L \mid L \in \mathcal{L}_P\}$ は P を極とする極線 ℓ_P に一致する。

(4) 点 P の極線を ℓ_P、直線 L を極線とする極を Q_L と書くと、$P \in L$ であることと $Q_L \in \ell_P$ は同値である。また P が C 上の点であることと ℓ_P が C に接することは同値である。

演習 6.13 点 P を頂点とする直線束 $\mathcal{L}_P = \{L : \text{直線} \mid P \in L\}$ を考える。直線 $L \in \mathcal{L}_P$ が単位円と2点で交わる時、その2交点における接線の交点を Q_L と書く。このとき

$$\{Q_L \mid P \in L,\ L \text{ は単位円と交わる}\}$$

は P の極線 ℓ_P の一部分であるが、どのような部分集合になるか？

さて、これで単位円に対する考察はお仕舞であるが、最後に少し複素数について触れておきたい。極を単位円の外部にある場合と内部にある場合に分けて考える議論は、共役関係を用いてなんとか切り抜けることが出来たが、いささか統一感に欠けるように感じられた方もいるだろう。ところが、複素数の範囲で射影平面を考えておくとこのような場合分けは実は不要になるのである。つまり、単位円の内部の点からも複素単位円への接線が引け、それはいつでも2

本存在する。

これを一番簡単な原点の場合に確かめてみよう。つまり原点から単位円に接線を引いてみる。斉次座標で表された単位円 $x^2 + y^2 = z^2$ 上の点 $[a:b:c]$ における接線の方程式は

$$ax + by = cz \qquad (6.3)$$

である。a, b, c が実数の場合にこれを確かめることは容易であるが、複素数の場合には、複素数で考えた場合の接線とは何かという問題を考える必要があり、それを説明するにはいろいろと準備が必要である。ここでは、接線の方程式 (6.3) を認めて話を進めよう。このとき、注意するべきことは a, b, c および x, y, z はすべて複素数で考えているということである。

この接線が原点 $O\,[0:0:1]$ を通るのであるから、(6.3) 式において $(x, y, z) = (0, 0, 1)$ と代入して、$c = 0$ を得る。一方 $[a:b:c]$ は単位円上の点であるから、$a^2 + b^2 = c^2$ を満たす。したがって

$$c = 0, \qquad a^2 + b^2 = c^2$$

を得るが、これを解いて $[a:b:c] = [1:\pm i:0]$ となる。つまり、原点からの接線は 2 本あり、その方程式は $x \pm iy = 0$ であって、接点は $[1:\pm i:0]$ である！ この 2 点を通る直線はちょうど無限遠直線 $z = 0$ になるので、原点を極とする極線は無限遠直線であることが再び確認された。

演習 6.14 上の例は無限遠点が接点となっていて少々わかりにくい。そこで、単位円内の点 $[1/2:0:1]$ から単位円に引いた接線を計算し、それが $2x \pm \sqrt{3}\,iy = z$ であって、接点が $[2:\pm\sqrt{3}\,i:1]$ となることを確認せよ。このことから $[1/2:0:1]$ を極とする極線を求めてみよ。

[答. 極線の方程式は $(1/2)x = z$ である。]

このように、複素数を用いて複素射影平面 $\mathbb{P}^2(\mathbb{C})$ で考えた方が、理論は統一的に述べることができ、しかも物事ははるかに容易に運ぶ。しかし、残念ながら本書で複素数を用いた射影幾何学を展開するには少々紙数が足りなくなってしまったようである。複素数についてはこれくらいにしておいて、後ろ髪は引かれるが、また実数の世界に戻ることにしよう。

6.4 円錐曲線と共役点

考えやすいように楕円で話を始めたが、射影平面 $\mathbb{P}^2(\mathbb{R})$ で考える限り、任意の円錐曲線を用いて極線や極点を考えることができる。

C を非退化二次曲線としよう。射影平面においては、射影変換によって C を単位円に写すことができる。すると、定理 6.12 は任意の円錐曲線 C に対してそのまま成り立つことがわかる。もちろん、このとき極線は次のように定義する。

曲線 C 上にはない点 P に対して、

(a) 点 P から C へ相異なる 2 本の接線が引けるとき。その接点を $Q_1, Q_2 \in C$ とすると、直線 $Q_1 Q_2$ が P を極とする極線である。

(b) 点 P から C へ接線が引けないとき。この時は P を通る直線 L は C と相異なる 2 点で交わる。その点を $Q_1, Q_2 \in C$ とし、Q_i における接線を ℓ_i とすると交点 $\ell_1 \cap \ell_2$ は L の取り方に依らない定直線上にある。この直線が P を極とする極線である。

最後に P が曲線 C 上の点であるときには、

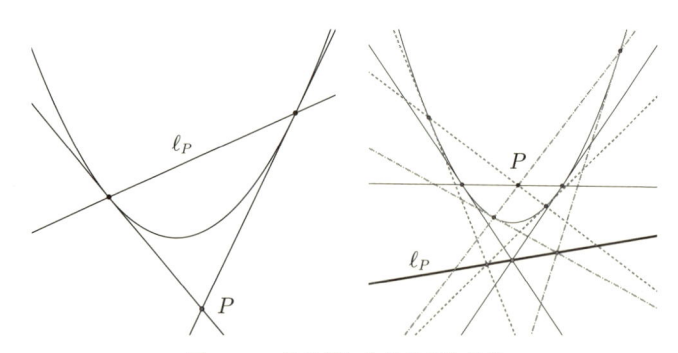

図 6-14　放物線における極と極線

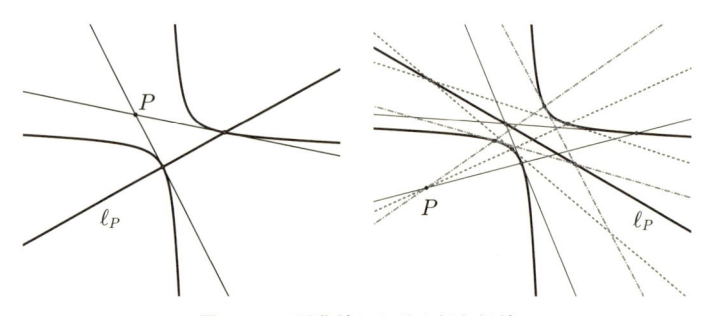

図 6-15　双曲線における極と極線

(c) $P \in C$ のとき。このときは P を極とする極線は P における接線のことである。

と定める。放物線と双曲線の場合の極と極線を図 6-14, 図 6-15 に示しておく。

このように、幾何的に述べられた定理 6.12 は円錐曲線 C に対してもそのままの形で成り立つのだが、問題は方程式の形で述べられている定理 6.11 である。そこで以下極線の方程式について考えてみよう。

一般の円錐曲線 C の方程式は

$$\sum_{i,j=1}^{3} a_{ij}\, x_i x_j = 0$$

と書けるのであった。ここで a_{ij} は係数であって、$a_{ij} = a_{ji}$ と仮定しておく。この係数 a_{ij} を第 (i,j) 成分とするような 3 次の正方行列を A としよう。すると上の式は

$$^t\boldsymbol{x}A\boldsymbol{x} = 0 \qquad \text{ただし } \boldsymbol{x} = {}^t(x_1, x_2, x_3)$$

と表される。必要に応じて $\boldsymbol{x} = {}^t(x,y,z)$ などとも書くことにしよう。さて、円錐曲線 C 外の一点 $P = [\boldsymbol{p}]$ を取り、この点から C に接線を引こう。接点があったとしてそれを $Q = [\boldsymbol{q}]$ とする。このとき、

$$^t\boldsymbol{p}A\boldsymbol{p} \neq 0 \qquad {}^t\boldsymbol{q}A\boldsymbol{q} = 0$$

であるが、直線 PQ 上の点はパラメータ $s \in \mathbb{R}$ を用いて $[s\boldsymbol{p} + \boldsymbol{q}]$ と表される。点 Q は接点であるから s の二次式

$$^t(s\boldsymbol{p} + \boldsymbol{q})A(s\boldsymbol{p} + \boldsymbol{q}) = {}^t\boldsymbol{p}A\boldsymbol{p} \cdot s^2 + 2\,{}^t\boldsymbol{p}A\boldsymbol{q} \cdot s$$

は $s = 0$ つまり $[\boldsymbol{q}] = [s\boldsymbol{p} + \boldsymbol{q}]$ のときに重根を持つはずである。それは $^t\boldsymbol{p}A\boldsymbol{q} = 0$ の場合であるから、次の定理が証明された。

定理 6.15

円錐曲線 $C : {}^t\boldsymbol{x}A\boldsymbol{x} = 0$ 上の点 $Q = [\boldsymbol{q}]$ における接線の方程式は $^t\boldsymbol{x}A\boldsymbol{q} = 0$ で与えられる。

系 6.16

円錐曲線 $C : {}^t\boldsymbol{x}A\boldsymbol{x} = 0$ に対して、点 $P = [\boldsymbol{p}]$ を極とする極線の方程式は $^t\boldsymbol{p}A\boldsymbol{x} = 0$ で与えられる。

[証明]　まず P から接線が 2 本引けるときには、その接点を Q_1, Q_2 とすると定理 6.15 より

$$^t{\bm p}A{\bm q_1} = 0 \quad \text{かつ} \quad ^t{\bm p}A{\bm q_2} = 0$$

であるが、直線はその上の 2 点で決まり、Q_1, Q_2 は確かに方程式 $^t{\bm p}A{\bm x} = 0$ を満たしているから、これが求める極線の方程式である。

次に P から C へ接線が引けない場合を考えてみよう。このときは P を通る直線 L と C との 2 交点 Q_1, Q_2 を考え、Q_1, Q_2 における接線の交点を Q とする。すると

$$^t{\bm q}A{\bm q_1} = 0 \quad \text{かつ} \quad ^t{\bm q}A{\bm q_2} = 0$$

が成り立ち、直線 $L = Q_1 Q_2$ の方程式は上の考察と同様にして $^t{\bm q}A{\bm x} = 0$ であることがわかる。点 P は直線 L 上にあるから、$^t{\bm q}A{\bm p} = 0$ を満たす。したがって、上のようにして決まった Q は直線 L の取り方に依らず方程式 $^t{\bm x}A{\bm p} = 0$ を満たす。したがって、極線の方程式は $^t{\bm x}A{\bm p} = 0$、すなわち $^t{\bm p}A{\bm x} = 0$ である。

点 $P = [{\bm p}] \in C$ における接線は $^t{\bm x}A{\bm p} = 0$ だから、この場合も極線の方程式は $^t{\bm p}A{\bm x} = 0$ である。

以上 3 つの場合いずれも極線の方程式は $^t{\bm p}A{\bm x} = 0$ となることがわかった。　□

定義 6.17

円錐曲線 $C : {}^t{\bm x}A{\bm x} = 0$ を考える。射影平面 $\mathbb{P}^2(\mathbb{R})$ 上の 2 点 $P = [{\bm p}]$, $Q = [{\bm q}]$ が C に関して共役であるとは、$^t{\bm p}A{\bm q} = 0$ が成り立つときに言う。

系 6.16 によれば、点 Q が P を極とする極線上にあることと P

と Q が共役であることは同値である。このように述べると P,Q の対称性は際立ったものになることに気がつくであろう。つまり

$$Q が P の極線上にある \iff P と Q は共役$$
$$\iff P が Q の極線上にある$$

が成り立っている。

極や極線と複比の関係について述べておこう。

定理6.18

円錐曲線 $C : {}^t\!xAx = 0$ を考える。C に関して共役な 2 点 P,Q はどちらも C 上にはないとし、直線 PQ と C が相異なる 2 点 R,S で交わると仮定する。このとき 4 点の複比 $\mathrm{cr}(P,Q;R,S)$ は -1 に等しい。

この定理の 4 点のように複比がちょうど -1 となるような 4 点を調和点列と呼ぶ（図 6-16 参照）。

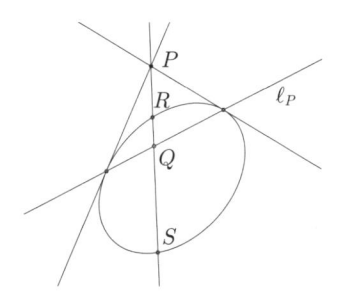

図 6-16 調和点列

[証明] 斉次座標を使って、$P = [\boldsymbol{p}]$ などのように表わすことにする。まず直線 PQ と円錐曲線 C との交点を求めてみよう。交点は Q と一致しないので $\boldsymbol{p} + \xi \boldsymbol{q}$ ($\xi \in \mathbb{R}$) と表すことが出来る。この点は C の方程式を満たすから、

$$^t(\boldsymbol{p}+\xi\boldsymbol{q})A(\boldsymbol{p}+\xi\boldsymbol{q})=0,$$
$$\therefore\quad {}^t\boldsymbol{p}A\boldsymbol{p}+2\xi\cdot{}^t\boldsymbol{p}A\boldsymbol{q}+\xi^2\cdot{}^t\boldsymbol{q}A\boldsymbol{q}=0$$

であるが、P と Q は共役であるから ${}^t\boldsymbol{p}A\boldsymbol{q}=0$ である。したがって

$${}^t\boldsymbol{p}A\boldsymbol{p}+\xi^2\cdot{}^t\boldsymbol{q}A\boldsymbol{q}=0,\quad \xi=\pm\sqrt{-\frac{{}^t\boldsymbol{p}A\boldsymbol{p}}{{}^t\boldsymbol{q}A\boldsymbol{q}}}$$

である[8]。そこでこの値の一方を λ とおくと、R, S の斉次座標は

$$\boldsymbol{r}=\boldsymbol{p}+\lambda\boldsymbol{q},\quad \boldsymbol{s}=\boldsymbol{p}-\lambda\boldsymbol{q} \quad (6.4)$$

と表すことが出来る。

直線 PQ 外の一点 V を頂点にとり、複比を行列式を用いて

$$\mathrm{cr}(P,Q;R,S)_V=\frac{|\boldsymbol{p}\ \boldsymbol{r}\ \boldsymbol{v}|\cdot|\boldsymbol{q}\ \boldsymbol{s}\ \boldsymbol{v}|}{|\boldsymbol{p}\ \boldsymbol{s}\ \boldsymbol{v}|\cdot|\boldsymbol{q}\ \boldsymbol{r}\ \boldsymbol{v}|} \quad (6.5)$$

のように表そう。式 (6.4) を行列式 (6.5) に代入すると

$$(6.5)=\frac{|\boldsymbol{p}\ (\boldsymbol{p}+\lambda\boldsymbol{q})\ \boldsymbol{v}|\cdot|\boldsymbol{q}\ (\boldsymbol{p}-\lambda\boldsymbol{q})\ \boldsymbol{v}|}{|\boldsymbol{p}\ (\boldsymbol{p}-\lambda\boldsymbol{q})\ \boldsymbol{v}|\cdot|\boldsymbol{q}\ (\boldsymbol{p}+\lambda\boldsymbol{q})\ \boldsymbol{v}|}$$

$$=\frac{+\lambda|\boldsymbol{p}\ \boldsymbol{q}\ \boldsymbol{v}|\cdot|\boldsymbol{q}\ \boldsymbol{p}\ \boldsymbol{v}|}{-\lambda|\boldsymbol{p}\ \boldsymbol{q}\ \boldsymbol{v}|\cdot|\boldsymbol{q}\ \boldsymbol{p}\ \boldsymbol{v}|}=-1$$

となって 4 点は確かに調和点列であることがわかった。 □

上の定理では、共役点 P, Q に対し、直線 PQ が C と相異なる 2 点で交わると仮定したが、直線や円錐曲線を複素数の範囲で考えれば直線 PQ は C と常に 2 点で交わっている（接している場合は同じ点で 2 度交わると思うことにする）。この場合でも定理はもちろん成立する。複素数で考えることで、射影幾何の定理はより簡潔で

---

[8] 仮定より P, Q は円錐曲線 C 上にはないので、${}^t\boldsymbol{p}A\boldsymbol{p}\neq 0$ かつ ${}^t\boldsymbol{q}A\boldsymbol{q}\neq 0$ であって、互いに異符号である。したがって、ξ の式の分母はゼロでなく、ξ 自身も 0 ではない。

美しいものになることを注意しておきたい。

さて、この定理と定理 4.24 により、ただちに次の系を得る。

系 6.19

円錐曲線 $C : {}^t\!xAx = 0$ に関して、曲線外の一点 P を極とする極線 ℓ_P を考える。ℓ_P 上に 2 点 Q_1, Q_2 を取り、直線 PQ_1 と C が相異なる 2 点 R_1, S_1 で、直線 PQ_2 と C が相異なる 2 点 R_2, S_2 で交わるとする。

このとき、2 直線 R_1R_2 と S_1S_2 は極線 ℓ_P 上の点で交わる。

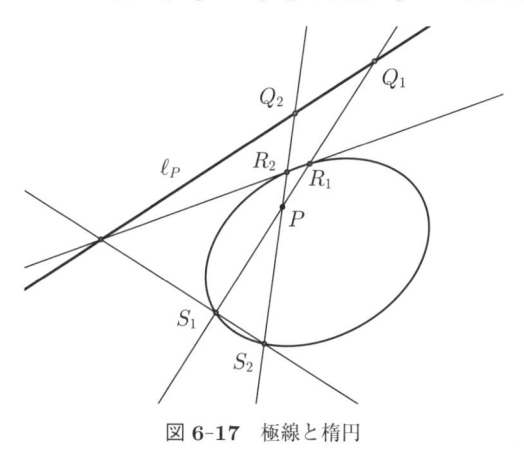

図 6-17　極線と楕円

注意 6.20　直線 PQ_i と C との 2 交点 R_i, S_i はどちらを R_i にしても、どちらを S_i にしてもよい。したがって、系の結論において、直線 R_1S_2 と S_1R_2 を考えてもこの 2 直線は ℓ_P 上で交わっている。

この系 6.19 を見ると、定理 5.7 において点 A が楕円の内側にある場合（上の系では点 A は P と記されている）に直線 L がちょうど A の極線に一致することがわかるだろう。各自確かめてみてほしい。

6.5 双対原理とブリアンションの定理

双対原理についてはすでに述べたが、そのときに双対対応によって円錐曲線はいったい何に対応するのか悩んだ読者もいたかもしれない。しかし、前節で極と極線や共役点の概念をはっきりさせたことで、円錐曲線の役割が明らかになったことと思う。要するに双対原理はある円錐曲線に関して点（極）と直線（極線）を入替える操作である。このとき、選んだ円錐曲線上の点はその接線に対応しており、円錐曲線自身は変化しないのである[9]。

そのように考えたとき、次のブリアンションの定理[10]はちょうどパスカルの定理の双対形になっている。

定理 6.21

円錐曲線 C の相異なる 6 本の接線 $\alpha_1, \alpha_2, \ldots, \alpha_6$ に対して、α_k と α_{k+1} の交点を Q_k、点 Q_k と Q_{k+3} を結ぶ直線を ρ_k とする ($k = 1, 2, 3$)。ただし $\alpha_7 = \alpha_1, \alpha_8 = \alpha_2$ のように 6 を法として添字を考える。このとき 3 つの直線 ρ_1, ρ_2, ρ_3 は共点である。

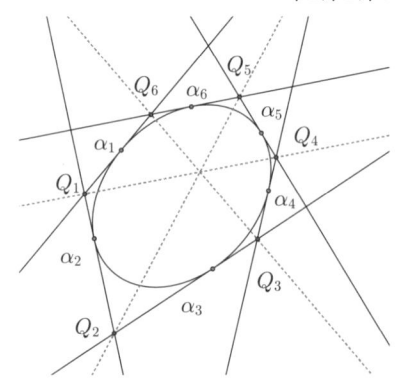

図 6-18 ブリアンションの定理

---

[9] もちろん、同時に 2 つ以上の円錐曲線を考えるときにはこの限りでない。
[10] Charles Julien Brianchon (1783-1864).

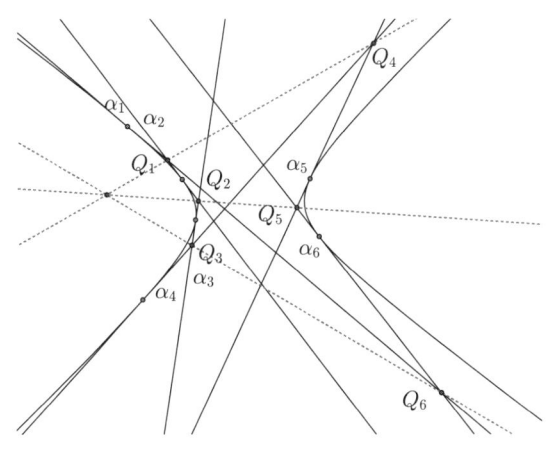

図 6-19　ブリアンションの定理：双曲線の場合

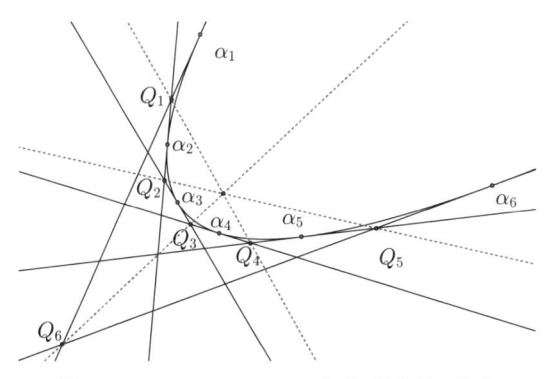

図 6-20　ブリアンションの定理：放物線の場合

　もとのパスカルの定理 6.2 における、円錐曲線 C 上の点 A_k がここでは接線 α_k であり、直線 $A_k A_{k+1}$ が交点 Q_k に、そして交点 P_k は Q_k と Q_{k+1} を結ぶ直線 ρ_k になっている。もちろん結論の「共線である」という関係は「共点である」という関係に置き換わっている。この定理はパスカルの定理が世に知られるようになってから約 160 年後にブリアンションによって発見されたが、それだけ長い年月が双対原理の熟成には必要であった。

　ところで、このブリアンションの定理を見ていて、何かに似てると感じた人も多いだろう。そう、ジュルゴンヌの定理 2.6 である。

ジュルゴンヌの定理は円錐曲線に外接する三角形に関する定理だったが、ブリアンションの定理に連続の原理を用いて、外接六角形の3組の隣り合う2辺同士を重ね合わせることによって得られた三角形を考えればよい。このようにして、パスカルの定理もブリアンションの定理も、そしてその退化形であるジュルゴンヌの定理も、本質的には一つのものであることが了解されたであろう。定理が"同じもの"になって減ってしまい、損をした気になる人もいるかもしれないが、裏を返せば、射影幾何の威力によってたった一つの定理から次々とユークリッド幾何学の定理が生み出されることになる。そして、何よりも"異なって見える"定理が本質的に同じものであると正しく認識できること、その道具を射影幾何は与えてくれている。

さて、射影幾何学のある定理を双対対応によって別の定理に書き換える方法についてはこれでよく納得していただけたと思う。では、あらためて、なぜ双対原理は成り立つのだろうか？

その答は定理 6.12 にある。この定理は単位円に対して述べられたのだが、もちろん任意の円錐曲線に対して成り立っている。双対原理では極線を極点に置き換えるが、そのとき、直線 L_1, L_2, L_3 が点 P で交わっていると、この 3 直線は P を頂点とする直線束 $\mathcal{L}_P$ に属している。したがって定理 6.12 の (3) より L_1, L_2, L_3 に対応する極点 Q_1, Q_2, Q_3 は直線 ℓ_P 上にあり、共線である。直線 ℓ_P は P の極線を表しているのであった。したがって直線が共点であれば、対応する極点は共線である。逆に、いくつかの点が共線であれば対応する極線が共点であることも同様に示される。これが双対原理の根幹である。

双対原理をここでは円錐曲線に絡めて紹介したが、この原理の理解には他にもいくつか異なる方法がある。

最初の方法は双対空間の導入である。一般に実ベクトル空間 V に対して、その上の線形形式 $f : V \to \mathbb{R}$ の全体を V^* で表し、こ

れを V の双対と呼ぶ[11]。このとき V のベクトル $\boldsymbol{v} \neq \boldsymbol{0}$ に対して、

$$H_{\boldsymbol{v}} = \{f \in V^* \mid f(\boldsymbol{v}) = 0\}$$

とおくと、これは V^* の超平面となる。この超平面 $H_{\boldsymbol{v}}$ は $\boldsymbol{v}$ をその (ゼロでない) 定数倍に置き換えても変化しないので、V の原点を通る直線によって決まっている。射影空間 $\mathbb{P}(V)$ を V の原点を通る直線全体と定義することによって、$\mathbb{P}(V)$ の点から $\mathbb{P}(V^*)$ の超平面への対応がこのようにして得られる。

実射影平面の時には $V = \mathbb{R}^3$ であって、$\mathbb{P}^2(\mathbb{R}) = \mathbb{P}(\mathbb{R}^3)$ の超平面とは射影直線に他ならない。正則な対称行列 A を用いて V 上の非退化二次形式を $(\boldsymbol{v}, \boldsymbol{u}) = {}^t\boldsymbol{v} A \boldsymbol{u}$ と定めると、自然に V^* と V が同一視され、このようにして射影平面幾何における双対原理が説明できる。我々が用いた、双対性を導く円錐曲線は、斉次座標で表された二次曲線 ${}^t\boldsymbol{x} A \boldsymbol{x} = 0$ に他ならない。

もう一つの双対原理の説明は、束論を使うものである。実は射影幾何学はいくつかの公理系を設けた束として特徴づけをおこなうことができる。束を構成するのは、点、直線、平面などであり、その元の間の関係を記述するのが（公理論的）射影幾何学である。そのように捉えると束論における双対性の概念を射影幾何学の言葉に翻訳することができる。興味のある読者は [7] を参照してほしい。

最後に、双対原理と複比の関係について見ておこう。円錐曲線 $C : {}^t\boldsymbol{x} A \boldsymbol{x} = 0$ を考える。C に関して、射影平面 $\mathbb{P}^2(\mathbb{R})$ 上の点 P を極とする極線を ℓ_P と書く。また P を通る相異なる 4 本の直線 L_1, L_2, L_3, L_4 を考え、ℓ_P との交点をそれぞれ $R_1, \ldots, R_4$ とする。さらに L_k を極線とする極点を Q_k $(1 \leq k \leq 4)$ と書く。このとき、定理 6.12 より $Q_k \in \ell_P$ であることに注意しよう。

---

11) V が複素ベクトル空間の時には複素線形形式 $f : V \to \mathbb{C}$ を考えるのが自然である。

定理 6.22

上の設定のもとに 4 本の極線の複比と 4 つの極点の複比は等しい。つまり

$$\mathrm{cr}(L_1, L_2; L_3, L_4) = \mathrm{cr}(R_1, R_2; R_3, R_4) \\ = \mathrm{cr}(Q_1, Q_2; Q_3, Q_4) \quad (6.6)$$

が成り立つ。特に、4 本の極線と ℓ_P との交点 $R_1, \ldots, R_4$ と極点 $Q_1, \ldots, Q_4$ は射影変換で互いに写りあう。

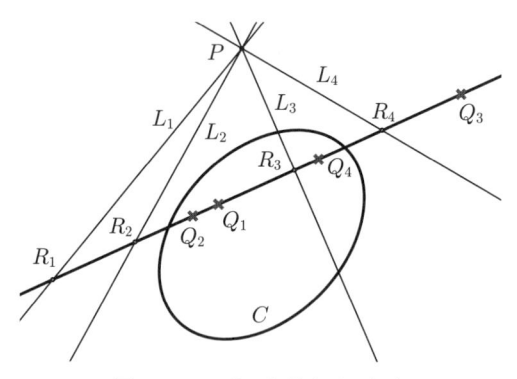

図 6-21 4 本の極線とその極点

[証明] 式 (6.6) の最初の等号は、4 直線の複比の定義そのものである (式 (4.13) 参照)。そこで第 2 の等式を示そう。射影平面上の点 P を $\mathbb{R}^3$ のベクトル $\boldsymbol{p}$ によって斉次座標で表し $P = [\boldsymbol{p}]$ と書く。他の点に対しても同様に表すことにしよう。すると、同一直線上の 4 点の複比の定義より

$$\mathrm{cr}(R_1, R_2; R_3, R_4) = \mathrm{cr}(\boldsymbol{r_1}, \boldsymbol{r_2}; \boldsymbol{r_3}, \boldsymbol{r_4})_{\boldsymbol{p}}$$

$$= \frac{|\boldsymbol{r_4}\ \boldsymbol{r_2}\ \boldsymbol{p}| \cdot |\boldsymbol{r_1}\ \boldsymbol{r_3}\ \boldsymbol{p}|}{|\boldsymbol{r_3}\ \boldsymbol{r_2}\ \boldsymbol{p}| \cdot |\boldsymbol{r_1}\ \boldsymbol{r_4}\ \boldsymbol{p}|} \quad (6.7)$$

である。ここで、例えば極線 ℓ_P 上の点 $U = [\boldsymbol{u}]$ および $R = [\boldsymbol{r}]$ を

取ると

$$|\boldsymbol{u}\ \boldsymbol{r}\ \boldsymbol{p}| = \begin{vmatrix} u_1 & r_1 & p_1 \\ u_2 & r_2 & p_2 \\ u_3 & r_3 & p_3 \end{vmatrix} = u_1 \begin{vmatrix} r_2 & p_2 \\ r_3 & p_3 \end{vmatrix} + u_2 \begin{vmatrix} r_3 & p_3 \\ r_1 & p_1 \end{vmatrix} + u_3 \begin{vmatrix} r_1 & p_1 \\ r_2 & p_2 \end{vmatrix}$$

と計算できる。二番目の等式では第 1 列目に関する余因子展開を用いた[12]。このとき

$$A\boldsymbol{q} = {}^t\left(\begin{vmatrix} r_2 & p_2 \\ r_3 & p_3 \end{vmatrix}, \begin{vmatrix} r_3 & p_3 \\ r_1 & p_1 \end{vmatrix}, \begin{vmatrix} r_1 & p_1 \\ r_2 & p_2 \end{vmatrix} \right) \quad (6.8)$$

によって $\boldsymbol{q}$ を定めると[13]、${}^t\boldsymbol{p}A\boldsymbol{q} = 0 = {}^t\boldsymbol{r}A\boldsymbol{q}$ であることが上の式から容易にわかる。これは $Q = [\boldsymbol{q}]$ の極線が PR であることを意味している。したがって、極線 PR の極点を Q とすれば、

$$|\boldsymbol{u}\ \boldsymbol{r}\ \boldsymbol{p}| = {}^t\boldsymbol{u}A\boldsymbol{q}$$

が成り立っている。この式を用いて (6.7) 式を書き直すと

$$\begin{aligned}(6.7) &= \frac{|\boldsymbol{r_2}\ \boldsymbol{r_4}\ \boldsymbol{p}| \cdot |\boldsymbol{r_1}\ \boldsymbol{r_3}\ \boldsymbol{p}|}{|\boldsymbol{r_2}\ \boldsymbol{r_3}\ \boldsymbol{p}| \cdot |\boldsymbol{r_1}\ \boldsymbol{r_4}\ \boldsymbol{p}|} \\ &= \frac{{}^t\boldsymbol{r_2}A\boldsymbol{q_4} \cdot {}^t\boldsymbol{r_1}A\boldsymbol{q_3}}{{}^t\boldsymbol{r_2}A\boldsymbol{q_3} \cdot {}^t\boldsymbol{r_1}A\boldsymbol{q_4}} \end{aligned} \quad (6.9)$$

一方 $Q_1, \ldots, Q_4$ の複比は

$$\begin{aligned}\mathrm{cr}(Q_1, Q_2; Q_3, Q_4) &= \mathrm{cr}(\boldsymbol{q_1}, \boldsymbol{q_2}; \boldsymbol{q_3}, \boldsymbol{q_4})_p \\ &= \mathrm{cr}(A\boldsymbol{q_1}, A\boldsymbol{q_2}; A\boldsymbol{q_3}, A\boldsymbol{q_4})_{A\boldsymbol{p}} \end{aligned} \quad (6.10)$$

と計算される。ここで A は円錐曲線を定義する対称行列であるが、射影変換 $\rho_A(\boldsymbol{x}) = A\boldsymbol{x}$ にも用いた。複比は射影変換で変わらないこと、円錐曲線の非退化性より A は正則行列であることに注意し

---

[12] 余因子展開は Laplace 展開とも呼ばれる。これについては例えば [3]、[8] などを参照されたい。
[13] 式 (6.8) の右辺を $\boldsymbol{r} \times \boldsymbol{p}$ と書いて $\boldsymbol{r}$ と $\boldsymbol{p}$ の外積と呼ぶ。

よう。最後の式は複比の定義より、

$$(6.10) = \frac{|A\boldsymbol{q}_4\ A\boldsymbol{q}_2\ A\boldsymbol{p}| \cdot |A\boldsymbol{q}_1\ A\boldsymbol{q}_3\ A\boldsymbol{p}|}{|A\boldsymbol{q}_3\ A\boldsymbol{q}_2\ A\boldsymbol{p}| \cdot |A\boldsymbol{q}_1\ A\boldsymbol{q}_4\ A\boldsymbol{p}|} \qquad (6.11)$$

となるが、$R_1, \ldots, R_4$ のときに計算したのと同様の理由で

$$|A\boldsymbol{v}\ A\boldsymbol{q}\ A\boldsymbol{p}| = {}^t\boldsymbol{r}A\boldsymbol{v} \qquad (\boldsymbol{r} = A\boldsymbol{q} \times A\boldsymbol{p})$$

となる。この式は $\boldsymbol{v} = \boldsymbol{p}$ または $\boldsymbol{q}$ のときゼロとなるから、$\boldsymbol{r}$ と $\boldsymbol{p}$、および $\boldsymbol{r}$ と $\boldsymbol{q}$ は共役である。すなわち R は極線 PQ の極点である。このことから

$$\boldsymbol{r}_k = A\boldsymbol{q}_k \times A\boldsymbol{p} \qquad (k = 1, \ldots, 4)$$

であって

$$|A\boldsymbol{v}\ A\boldsymbol{q}_k\ A\boldsymbol{p}| = {}^t\boldsymbol{r}_k A\boldsymbol{v}$$

が成り立つ。これを用いて計算すれば (6.11) 式は (6.9) と一致することが容易に確かめられる。□

第 7 章

附録

　この附録では、本文中にあるいくつかの題材や証明のうち、技術的に複雑であると思われる項目を集めた。本文の理解に役立てて欲しい。

附録の最初の2つの節は第1章の§1.5において提起された問題の解説である。その2つはいずれも空間内の直線に関する性質であるが、空間内の平面や直線の配置問題が存外難しく、しかし楽しい、ということがわかってもらえるのではないかと思う。各自いろいろな問題を考えて楽しんで下さい。

最後の節は第2章の定理2.5の証明である。これは任意の円錐曲線が直円錐の切り口として得られること、あるいは同じことだが、任意の円錐曲線が直円錐の頂点の位置におかれた光源からの光による底面の円の射影によって得られることを証明する。これはその後の章で射影変換を用いて実質的に証明されることになるのだが、ここでは解析幾何的手法で計算によって証明している。

7.1 2本の直線に直交する直線の方程式

この節では、一般の位置にある2本の直線に直交する直線の方程式について考えてみよう。そこで空間内の一般の位置にある2本の直線を ℓ, ℓ' とし、パラメータ表示をそれぞれ

$$\begin{aligned} \ell &: \boldsymbol{x} = t\boldsymbol{u} + \boldsymbol{p} \quad (t \in \mathbb{R}) \\ \ell' &: \boldsymbol{x} = s\boldsymbol{v} + \boldsymbol{q} \quad (s \in \mathbb{R}) \end{aligned} \tag{7.1}$$

とする。ℓ 上の点 $t_0\boldsymbol{u} + \boldsymbol{p}$ と ℓ' 上の点 $s_0\boldsymbol{v} + \boldsymbol{q}$ を結んだ直線 m が ℓ, ℓ' に直交しているとすると、m の方向ベクトルは $\boldsymbol{u} \times \boldsymbol{v}$ である。

m のパラメータ表示から

$$(t_0\boldsymbol{u} + \boldsymbol{p}) + d\,\boldsymbol{u} \times \boldsymbol{v} = s_0\boldsymbol{v} + \boldsymbol{q}$$

が成り立つ。ただし2本の直線 ℓ, ℓ' との距離を $d\|\boldsymbol{u} \times \boldsymbol{v}\|$ とした。

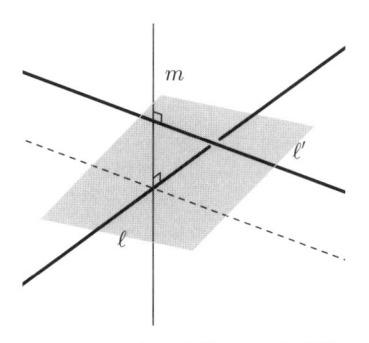

図 7-1 2本の直線に垂直な直線

これを変形して

$$q - p = t_0 u - s_0 v + d\, u \times v \tag{7.2}$$

と書いておく。次の補題をこの式に用いる。

補題 7.1

u, v が平行でなければ、任意のベクトル a は

$$a = \frac{1}{\|u \times v\|^2}\bigl\{\det(a, v, u \times v)\,u + \det(a, u, v \times u)\,v + \det(a, u, v)\,u \times v\bigr\} \tag{7.3}$$

と表される。

ベクトル u と v が平行でなければ、この2つのベクトルにあわせて $u \times v$ を考えるとこれらは空間内で独立な方向[1]を持っている。このとき、任意のベクトルはこれらのベクトルの和（一次結合）で書ける。それを実際に書き表したのがこの補題である。補題の証明は後回しにして、話を続けよう。

---
[1] 線形代数の用語では「一次独立」という。要するにこの3つのベクトルが平行六面体の3辺を構成するということである。

補題 7.1 を $\boldsymbol{a} = \boldsymbol{q} - \boldsymbol{p}$ として適用すると、式（7.3）における t_0, s_0, d はそれぞれ

$$t_0 = \frac{1}{\|\boldsymbol{u} \times \boldsymbol{v}\|^2} \det(\boldsymbol{q} - \boldsymbol{p}, \boldsymbol{v}, \boldsymbol{u} \times \boldsymbol{v})$$
$$s_0 = \frac{1}{\|\boldsymbol{u} \times \boldsymbol{v}\|^2} \det(\boldsymbol{q} - \boldsymbol{p}, \boldsymbol{u}, \boldsymbol{u} \times \boldsymbol{v}) \qquad (7.4)$$
$$d = \frac{1}{\|\boldsymbol{u} \times \boldsymbol{v}\|^2} \det(\boldsymbol{q} - \boldsymbol{p}, \boldsymbol{u}, \boldsymbol{v})$$

で与えられる。

定理 7.2

式（7.1）で与えられた 2 本の直線 ℓ, ℓ' に同時に直交する直線 m のパラメータ表示は $t \in \mathbb{R}$ をパラメータとして

$$m : \boldsymbol{x} = t\,\boldsymbol{u} \times \boldsymbol{v} + \frac{1}{\|\boldsymbol{u} \times \boldsymbol{v}\|^2} \det(\boldsymbol{q} - \boldsymbol{p}, \boldsymbol{v}, \boldsymbol{u} \times \boldsymbol{v})\,\boldsymbol{u} + \boldsymbol{p}$$

または

$$m : \boldsymbol{x} = t\,\boldsymbol{u} \times \boldsymbol{v} + \frac{1}{\|\boldsymbol{u} \times \boldsymbol{v}\|^2} \det(\boldsymbol{q} - \boldsymbol{p}, \boldsymbol{u}, \boldsymbol{u} \times \boldsymbol{v})\,\boldsymbol{v} + \boldsymbol{q}$$

で与えられる。

[証明] 上の議論より m は点 $t_0\boldsymbol{u} + \boldsymbol{p}$ と $s_0\boldsymbol{v} + \boldsymbol{q}$ を通り、方向が $\boldsymbol{u} \times \boldsymbol{v}$ の直線である。t_0, s_0 は既に求めたから、定理の式を得る。□

上の議論の副産物として次の定理も得られたことになる。

定理 7.3

式（7.1）で与えられた 2 本の直線 ℓ, ℓ' の距離は

$$\frac{|\det(\boldsymbol{q} - \boldsymbol{p}, \boldsymbol{u}, \boldsymbol{v})|}{\|\boldsymbol{u} \times \boldsymbol{v}\|} = \frac{|(\boldsymbol{q} - \boldsymbol{p}) \cdot (\boldsymbol{u} \times \boldsymbol{v})|}{\|\boldsymbol{u} \times \boldsymbol{v}\|}$$

で与えられる。ただし $\boldsymbol{u} \times \boldsymbol{v} \neq 0$ とする。

[証明] 2本の直線の距離はすでに注意したように $d\|\boldsymbol{u} \times \boldsymbol{v}\|$ であるから、式 (7.4) で得られた d を用いればよい。 □

2本の直線の距離がゼロということは交わっているということだから、次の系を得る。

系7.4

$\boldsymbol{u} \times \boldsymbol{v} \neq 0$ のとき、式 (7.1) で与えられた2本の直線 ℓ, ℓ' が交わるための必要十分条件は $\det(\boldsymbol{q} - \boldsymbol{p}, \boldsymbol{u}, \boldsymbol{v}) = 0$ が成り立つことである。

最後に補題7.1 の証明を行う。そこで

$$\boldsymbol{a} = \xi \boldsymbol{u} + \eta \boldsymbol{v} + \zeta \boldsymbol{u} \times \boldsymbol{v} \tag{7.5}$$

とおき、その係数 ξ, η, ζ を計算してみよう。まず、この式と $\boldsymbol{u}, \boldsymbol{v}$ との内積を計算して[2]

$$\begin{cases} \boldsymbol{a} \cdot \boldsymbol{u} = \xi \|\boldsymbol{u}\|^2 + \eta \boldsymbol{u} \cdot \boldsymbol{v} \\ \boldsymbol{a} \cdot \boldsymbol{v} = \xi \boldsymbol{u} \cdot \boldsymbol{v} + \eta \|\boldsymbol{u}\|^2 \end{cases}$$

である。これを ξ, η の連立一次方程式と見て解くと、

$$\begin{pmatrix} \xi \\ \eta \end{pmatrix} = \begin{pmatrix} \|\boldsymbol{u}\|^2 & \boldsymbol{u} \cdot \boldsymbol{v} \\ \boldsymbol{u} \cdot \boldsymbol{v} & \|\boldsymbol{v}\|^2 \end{pmatrix}^{-1} \begin{pmatrix} \boldsymbol{a} \cdot \boldsymbol{u} \\ \boldsymbol{a} \cdot \boldsymbol{v} \end{pmatrix}$$

$$= \frac{1}{\|\boldsymbol{u}\|^2 \|\boldsymbol{v}\|^2 - (\boldsymbol{u} \cdot \boldsymbol{v})^2} \begin{pmatrix} \|\boldsymbol{v}\|^2 & -\boldsymbol{u} \cdot \boldsymbol{v} \\ -\boldsymbol{u} \cdot \boldsymbol{v} & \|\boldsymbol{u}\|^2 \end{pmatrix} \begin{pmatrix} \boldsymbol{a} \cdot \boldsymbol{u} \\ \boldsymbol{a} \cdot \boldsymbol{v} \end{pmatrix}$$

$$= \frac{1}{\|\boldsymbol{u} \times \boldsymbol{v}\|^2} \begin{pmatrix} \boldsymbol{a} \cdot (\|\boldsymbol{v}\|^2 \boldsymbol{u} - (\boldsymbol{u} \cdot \boldsymbol{v}) \boldsymbol{v}) \\ \boldsymbol{a} \cdot (-(\boldsymbol{u} \cdot \boldsymbol{v}) \boldsymbol{u} + \|\boldsymbol{u}\|^2 \boldsymbol{v}) \end{pmatrix} \tag{7.6}$$

---

[2] $\boldsymbol{u} \perp (\boldsymbol{u} \times \boldsymbol{v})$ および $\boldsymbol{v} \perp (\boldsymbol{u} \times \boldsymbol{v})$ に注意せよ。

ここで $\|\bm{v}\|^2 \bm{u} - (\bm{u}\cdot\bm{v})\bm{v} = \bm{v}\times(\bm{u}\times\bm{v})$ に注意すると[3]、式 (7.6) の右辺の第 1 成分は

$$\bm{a}\cdot(\|\bm{v}\|^2 \bm{u} - (\bm{u}\cdot\bm{v})\bm{v}) = \bm{a}\cdot(\bm{v}\times(\bm{u}\times\bm{v}))$$
$$= \det(\bm{a},\bm{v},\bm{u}\times\bm{v})$$

と計算できる。第 2 成分も同様にして計算すると、結局

$$\begin{pmatrix}\xi\\ \eta\end{pmatrix} = \frac{1}{\|\bm{u}\times\bm{v}\|^2}\begin{pmatrix}\det(\bm{a},\bm{v},\bm{u}\times\bm{v})\\ \det(\bm{a},\bm{u},\bm{u}\times\bm{v})\end{pmatrix}$$

であることがわかる。これで ξ,η がわかった。あとは式 (7.5) の両辺と $\bm{u}\times\bm{v}$ との内積をとって

$$\zeta\|\bm{u}\times\bm{v}\|^2 = \bm{a}\cdot(\bm{u}\times\bm{v}) = \det(\bm{a},\bm{u},\bm{v})$$

から ζ がわかる。このようにして補題 7.1 における係数がすべて決定された。

演習 7.5 外積と内積に関する次の公式を証明せよ。

$$\bm{a}\times(\bm{b}\times\bm{c}) = (\bm{a}\cdot\bm{c})\bm{b} - (\bm{a}\cdot\bm{b})\bm{c}$$

[ヒント] $\bm{b},\bm{c}$ は直交しているとして一般性を失わないことをまず示す。さらに両辺を $\|\bm{b}\|\|\bm{c}\|$ で割ると $\bm{b},\bm{c}$ は単位ベクトルとしてよい。

演習 7.6 補題 7.1 において $\bm{a}$ にそれぞれ $\bm{u},\bm{v},\bm{u}\times\bm{v}$ を代入すると等式が成り立つことを直接計算によって確かめよ。この 3 つのベクトルは独立なので、これによって補題の別証明ができたことになる。

---

[3] 演習問題 7.5 参照。

7.2 空間内の1点を通り2本の直線に交わる直線

この節では 25 ページの (6) で提起した、ある一点を通り、一般の位置にある 2 本の直線に交わる直線を求めるという問題を考えてみよう。

直線 L_1 は空間内の相異なる 2 点 $\boldsymbol{p}_1$, $\boldsymbol{q}_1$ を通るとし、L_2 は $\boldsymbol{p}_2$, $\boldsymbol{q}_2$ を通るとする。これらの直線は次のようにパラメータ表示されている。

$$\begin{aligned} L_1 &: \boldsymbol{x} = t_1 \boldsymbol{p}_1 + (1-t_1)\boldsymbol{q}_1 \quad (t_1 \in \mathbb{R}) \\ L_2 &: \boldsymbol{x} = t_2 \boldsymbol{p}_2 + (1-t_2)\boldsymbol{q}_2 \quad (t_2 \in \mathbb{R}) \end{aligned} \tag{7.7}$$

さらにこの 2 本の直線外の 1 点を $\boldsymbol{r}$ とする。

問題は $\boldsymbol{r}$ を通り、直線 L_1, L_2 と交わるような直線 m を求めることである。これには次のように考えればよい。まず 3 点 $\boldsymbol{r}$, $\boldsymbol{p}_i$, $\boldsymbol{q}_i$ $(i=1,2)$ を通る平面を H_i $(i=1,2)$ とする。例えば H_1 は $\boldsymbol{p}_1$, $\boldsymbol{q}_1$ を通るので、L_1 を含んでいる。したがって $\boldsymbol{r}$ を通って L_1 と交わる直線は H_1 上にある。H_2 に対しても同様に考えると、問題の直線 m はどちらの平面上にも載っているので、2 つの平面の交線 $H_1 \cap H_2$ に一致するであろう。ただし 2 つの平面が交わらないときには m は存在しないし、まったく一致するときには m はただ一つには定まらない。しかし、L_1, L_2, $\boldsymbol{r}$ が一般の位置にあれば $m = H_1 \cap H_2$ はただ一つに決まる。そこで以下、そのような状況を考えることにしよう。

まず H_1, H_2 の方程式を求めるのだが、すでに 3 点を通る平面の方程式は求めてあるのでそれを利用する。その方程式は例えば H_1 に対するものは

$$\det(\boldsymbol{p}_1 - \boldsymbol{r}, \boldsymbol{q}_1 - \boldsymbol{r}, \boldsymbol{x} - \boldsymbol{r}) = 0$$

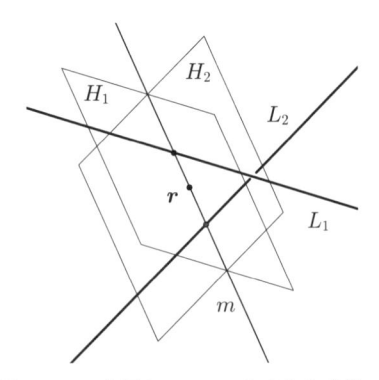

図 7-2 r を通り L_1, L_2 と交わる直線 m

である。またこの平面の法線方向は、式 (1.17) より

$$n_1 = (p_1 - r) \times (q_1 - r)$$

と書けるので、交線 m のパラメータ表示は (1.20) 式より t をパラメータとして

$$x = t(n_1 \times n_2) + r$$

と表される。ここで

$$n_1 \times n_2 = \bigl((p_1 - r) \times (q_1 - r)\bigr) \times \bigl((p_2 - r) \times (q_2 - r)\bigr) \tag{7.8}$$

だが、右辺の外積は次の補題を用いて計算することができる。

補題7.7

4つの空間ベクトル a_1, b_1, a_2, b_2 に対して

$$(a_1 \times b_1) \times (a_2 \times b_2) = |a_1\ b_1\ b_2|a_2 - |a_1\ b_1\ a_2|b_2$$

が成り立つ。

この補題を (7.8) 式に用いる。そこで $\bm{p}'_1 = \bm{p}_1 - \bm{r}$ などと書くと (7.8) 式は

$$\bm{n_1} \times \bm{n_2} = (\bm{p}'_1 \times \bm{q}'_1) \times (\bm{p}'_2 \times \bm{q}'_2)$$
$$= |\bm{p}'_1 \ \bm{q}'_1 \ \bm{q}'_2|\bm{p}'_2 - |\bm{p}'_1 \ \bm{q}'_1 \ \bm{p}'_2|\bm{q}'_2$$

と計算できる。H_2 の方程式から出発すると、まったく同様にして

$$\bm{n_1} \times \bm{n_2} = -|\bm{p}'_2 \ \bm{q}'_2 \ \bm{q}'_1|\bm{p}'_1 + |\bm{p}'_2 \ \bm{q}'_2 \ \bm{p}'_1|\bm{q}'_1$$

を得る。したがって直線 m の方程式は t をパラメータとして

$$\bm{x} = t\Big(|\bm{p}'_1 \ \bm{q}'_1 \ \bm{q}'_2|\bm{p}'_2 - |\bm{p}'_1 \ \bm{q}'_1 \ \bm{p}'_2|\bm{q}'_2\Big) + \bm{r}$$

あるいは

$$\bm{x} = -t\Big(|\bm{p}'_2 \ \bm{q}'_2 \ \bm{q}'_1|\bm{p}'_1 - |\bm{p}'_2 \ \bm{q}'_2 \ \bm{p}'_1|\bm{q}'_1\Big) + \bm{r}$$

で与えられる。この2つの式はどちらも意味があって、最初の式は H_1 上の直線としての表示、二番目のものは H_2 上の直線としての表示を与えている。

演習 7.8 上の設定において、L_1 と m との交点、また L_2 と m との交点を求めよ。

最後に補題 7.7 を証明しよう。その証明には演習問題 7.5 を用いるので、こちらも証明しておこう。外積と内積に関する次の等式であった。

$$\bm{a} \times (\bm{b} \times \bm{c}) = (\bm{a} \cdot \bm{c})\bm{b} - (\bm{a} \cdot \bm{b})\bm{c} \qquad (7.9)$$

3つのベクトルのいずれかがゼロベクトルなら明らかに両辺ともにゼロで等式は成り立つので、これらのベクトルはゼロでないとしてよい。等式の両辺で $\bm{b}$ を $\bm{b} + t\bm{c}$ に置き換えても等式は変化しな

いことに注意しよう。そこで b を $b' = b - \dfrac{(b \cdot c)}{\|c\|^2} c$ に置き換えよう。容易にわかるように b' は c と直交している。そこで、最初から $b \perp c$ として一般性を失わない。また両辺を $\|a\| \cdot \|b\| \cdot \|c\|$ で割る、つまり3つのベクトルを規格化することによって b, c は直交する単位ベクトル、a も単位ベクトルとしてよい。

このとき $d = b \times c$ は b, c に直交するベクトルである。等式の左辺の $a \times (b \times c)$ はこの d に直交しているので、b, c の定める平面内にあり、もちろん b と c の一次結合で書ける。それを

$$a \times (b \times c) = \xi b + \eta c$$

としよう。両辺と b との内積をとると右辺は ξ になるが、左辺は

$$b \cdot \Big(a \times (b \times c)\Big) = \det(b, a, b \times c)$$
$$= \det(a, b \times c, b) = a \cdot \Big((b \times c) \times b\Big)$$

である。ところが最後の式において $(b \times c) \times b = c$ である（これは b, c, d が、この順序で互いに直交する単位ベクトルの右手系になることからしたがう）。これより $\xi = a \cdot c$ が示された。$\eta = -a \cdot b$ も同様である。

以上で式 (7.9) が示されたが、いよいよこれを用いて補題を示そう。式 (7.9) を用いると

$$(a_1 \times b_1) \times (a_2 \times b_2)$$
$$= \Big((a_1 \times b_1) \cdot b_2\Big) a_2 - \Big((a_1 \times b_1) \cdot a_2\Big) b_2$$
$$= |a_1 \ b_1 \ b_2| a_2 - |a_1 \ b_1 \ a_2| b_2$$

これが証明したい等式であった。

7.3 定理2.5の証明

定理7.9

円錐曲線、すなわち、楕円・放物線・双曲線は、点射影による単位円の像として得られる。

[証明] 直円錐を平面で切った切り口を考えよう。直円錐としては、空間内の xz 平面に於ける直線 $x = z$ を z 軸の回りに回転してできるものを考える。この円錐は原点を頂点とし、z 軸の正および負の方向に延びており、方程式では

$$x^2 + y^2 = z^2$$

と書ける。この直円錐を平面で切ってその切り口を考えるということは、点光源を原点に置いた点射影によって、平面 $z = 1$ 上の単位円 $x^2 + y^2 = 1$ を、切り口である平面（つまり射影のスクリーン）へ投影した像を考えるということである。

切り口の平面としては、xy 平面をまず y 軸の回りに θ だけ回転し、それを z 軸の方向に c だけ平行移動したものを考えることにし、それを $H_{\theta,c}$ と書こう。この平面 $H_{\theta,c}$ 上に、もとの xy 平面上の直交座標 (x, y) を写して考える。すると、この座標（パラメータ）によって平面上の点は

$$^t(x\cos\theta, y, x\sin\theta + c) \in H_{\theta,c} \tag{7.10}$$

と表わされる[4]。対称性によって、$c > 0$ が正で $0 \leq \theta < \pi/2$ の場合を考えれば十分である。ただし $c = 0$ の場合や、$\theta = \pi/2$ の場合

---

[4] 平面を y 軸の回りに回転することで座標は $^t(x\cos\theta, y, x\sin\theta)$ となり、これを $^t(0, 0, c)$ 方向に平行移動して式 (7.10) を得る。

図 7-3　平面 $H_{\theta,c}$

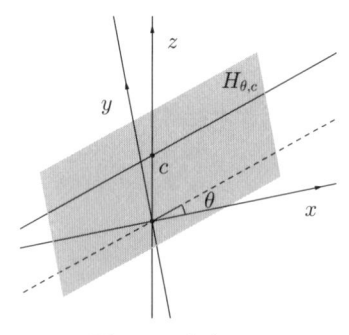

は、直円錐との切り口は二本の直線の和集合に退化してしまうのでここでは除外した。

切り口においては、(7.10) 式の座標は直円錐の方程式を満たしているから、

$$x^2 \cos^2 \theta + y^2 = (x \sin \theta + c)^2$$

を得る。この式は

$$(\cos^2 \theta - \sin^2 \theta) x^2 - 2c \sin \theta \, x + y^2 = c^2, \qquad (7.11)$$

$$\cos 2\theta \left(x - \frac{c \sin \theta}{\cos 2\theta} \right)^2 + y^2 = c^2 \frac{\cos^2 \theta}{\cos 2\theta},$$

$$\frac{\cos^2 2\theta}{c^2 \cos^2 \theta} \left(x - \frac{c \sin \theta}{\cos 2\theta} \right)^2 + \frac{\cos 2\theta}{c^2 \cos^2 \theta} y^2 = 1 \qquad (7.12)$$

と変形される。ただし $\theta \neq \pi/4$ を仮定した（$\theta = \pi/4$ の場合は後で考察する）。そこで

$$a = \frac{c \cos \theta}{|\cos 2\theta|}, \quad b = \frac{c \cos \theta}{\sqrt{|\cos 2\theta|}}$$

とおくと、(7.12) 式は

$$\begin{cases} \dfrac{1}{a^2} \left(x - \dfrac{c \sin \theta}{\cos 2\theta} \right)^2 + \dfrac{1}{b^2} y^2 = 1 \, (0 < \theta < \pi/4) \\ \dfrac{1}{a^2} \left(x - \dfrac{c \sin \theta}{\cos 2\theta} \right)^2 - \dfrac{1}{b^2} y^2 = 1 \, (\pi/4 < \theta < \pi/2) \end{cases} \qquad (7.13)$$

となる。したがって、$0 < \theta < \pi/4$ のときは切り口は楕円 $x^2/a^2 + y^2/b^2 = 1$ を、$\pi/4 < \theta < \pi/2$ のときは双曲線 $x^2/a^2 - y^2/b^2 = 1$ を平行移動したものとなる。また

$$0 < \frac{b}{a} = \sqrt{|\cos 2\theta|} \leq 1$$

はこの範囲において任意に取れるから、楕円、双曲線ともに $0 < b \leq a$ であるようなものはすべて切り口として得られる。$0 < a \leq b$ となるようなものを得るには x, y 軸の役割を変えればよい[5]。

最後に $\theta = \pi/4$ の場合を考える。このとき、式 (7.11) は

$$-\sqrt{2}\,cx + y^2 = c^2,$$

となり、これは放物線 $y^2 = \sqrt{2}\,cx$ を平行移動したものである。$c > 0$ は任意なので、合同な放物線はすべてこのようにして得られる。 □

演習 7.10　空間内の単位円を、ある平面に平行射影して得られる楕円がどのようなものかを上の例に倣って計算せよ。

[ヒント] これは直円筒を平面で切った切り口になる。直円筒の方程式は $x^2 + y^2 = 1$ である。

---

[5]　もっとも合同という意味なら、$0 < b \leq a$ だけ得られれば十分である。

参考文献

[1] Sheldon Katz（清水勇二訳）．数え上げ幾何と弦理論．日本評論社, 2011．
[2] Lucy Maud Montgomery（村岡花子訳）．赤毛のアン．ポプラ社, 1978．
[3] 佐武一郎．線型代数学．数学選書．裳華房, 増補改題, 1974．
[4] 西山享．よくわかる幾何学：複素平面・初等幾何学・射影幾何学をめぐって．丸善, 2004．
[5] 西山享．幾何学と不変量．日本評論社, 2012．
[6] 西山享．重点解説；ジョルダン標準形——行列の標準形と分解をめぐって——．SGC ライブラリ 77．サイエンス社, 2010．
[7] 秋月康夫, 滝沢精二．射影幾何学．共立出版, 復刊, 2011．
[8] 長谷川浩司．線型代数．日本評論社, 2004．

索引

■ 記号・欧文

$[v_1:v_2:v_3]$（連比） 74
$\mathrm{cr}(u,v;w,z)$（複比） 115
$\mathrm{cr}(a,b;u,v)_p$（複比） 131
$\det A$（行列式） 4
$|A|$（行列式） 4
$\det(a,b,c)$（行列式） 12
$|a\ b\ c|$（行列式） 12
$\mathrm{cr}^{(2)}(a,c;b;u,v)$（2次の複比） 124
$\mathbb{P}^1(\mathbb{R})$（射影直線） 78
$\mathbb{P}^2(\mathbb{R})$（射影平面） 73
ρ_A（射影変換） 90
$\times$（外積） 16
Apollonius (262BC?-190BC?) 30, 46
Archimedes (287BC-212BC) 46
Brianchon, C. J. (1783-1864) 200
Ceva, G. (1647-1734) 47
Cramer, G. (1704-1752) 122
Desargues, G. (1591-1661) 30, 33
Euclid（前3世紀頃） 46
Gergonne, J.D. (1771-1859) 47
Hesse, L. (1811-1874) 20

Menaechmus (380BC?-320BC?) 46
Menelaus (70?-130?) 101
Möbius, A.F. (1790-1868) 76
Pappus (290?-350?) 30
Pascal, B. (1623-1662) 30, 172
Brianchon の定理 200
Desargues の定理 33, 61, 130
Desargues の定理（双対） 184
Gergonne 線 182
Gergonne 点 47
Hesse の標準形 20
Menelaus の定理 101, 141
Pappus の定理 65
Pascal 線 173
Pascal の定理 172

■ あ

アフィン幾何学 161
アフィン変換 154
一次従属 13
一次独立 13
一次分数変換 112
一般の位置 143
一般の点 124
円錐曲線 45
円錐曲線試論 173

『円錐曲線論』　46

■ か
外積　16, 205
回転移動　155
共線　33
共通外接線　39
共通接線　39
共点　33
共役　185, 196
行列式（3次の）　12
行列式（2次の）　4
極線　185, 189
極点　185
交代性　7
恒等変換　93

■ さ
実射影平面　72
射影　44
射影直線　78
射影平面　72
ジュルゴンヌ線　182
ジュルゴンヌ点　47
神秘の六角形　173
正規化　20
斉次座標　77
正射影　32
線対称移動　155
双曲線　85
双曲線関数　56

■ た
対称行列　97
対蹠点　76, 186
楕円　84
調和点列　197
直線束　139

通常点　54
デザルグの定理　33, 61, 130
デザルグの定理（双対）　184
点射影　44
転置行列　7
同一視　73

■ な
二次曲線　84

■ は
配景的　137
パスカル線　173
パスカルの定理　172
パップスの定理　65
非退化二次曲線　99
非調和比　116
2次の複比　125
複比　115, 116, 131, 133
複比（4直線の）　140
ブリアンションの定理　200
平行移動　155
平行射影　32
冪単変換　157
ヘッセの標準形　20
法線ベクトル　2, 19
放物線　87
法ベクトル　2

■ ま
無限遠直線　54, 80
無限遠点　54
メネラウスの定理　101, 141

■ や
有限点　54

■ ら

連続の原理　　180
連比　　74

〈著者紹介〉

西山　享（にしやま　きょう）

略　歴
1986 年　京都大学大学院理学研究科博士後期課程修了
1986 年　東京電機大学理工学部数理学科助手
1990 年　京都大学教養学部助教授
1992 年　京都大学総合人間学部助教授
2003 年　京都大学理学部数学教室助教授
2009 年　青山学院大学理工学部物理・数理学科教授，現在に至る．
　　　　理学博士

主な著書
「基礎課程 微分積分 I, II」，サイエンス社，1998．
「多項式のラプソディー」，日本評論社，1999．
「よくわかる幾何学」，丸善，2004．
「重点解説 ジョルダン標準形」，サイエンス社，2010．
「幾何学と不変量」，日本評論社，2012．

数学のかんどころ 19
射影幾何学の考え方
(*An invitation to plane projective geometry*)

2013 年 11 月 15 日　初版 1 刷発行
2024 年 3 月 15 日　初版 4 刷発行

著　者　西山　享　ⓒ 2013
発行者　南條光章
発行所　共立出版株式会社
　　　　東京都文京区小日向 4-6-19
　　　　電話　03-3947-2511（代表）
　　　　郵便番号　112-0006
　　　　振替口座　00110-2-57035
　　　　URL www.kyoritsu-pub.co.jp
印　刷　大日本法令印刷
製　本　協栄製本

一般社団法人
自然科学書協会
会員

検印廃止
NDC 414.4
ISBN 978-4-320-11061-8

Printed in Japan

JCOPY　〈出版者著作権管理機構委託出版物〉
本書の無断複製は著作権法上での例外を除き禁じられています．複製される場合は，そのつど事前に，出版者著作権管理機構（TEL：03-5244-5088，FAX：03-5244-5089，e-mail：info@jcopy.or.jp）の許諾を得てください．

数学のかんどころ

編集委員会：飯高 茂・中村 滋・岡部恒治・桑田孝泰

① 内積・外積・空間図形を通して **ベクトルを深く理解しよう**
　飯高 茂著・・・・・・・・・・・120頁・定価1,650円

② **理系のための行列・行列式** めざせ！理論と計算の完全マスター
　福間慶明著・・・・・・・・・・・208頁・定価1,870円

③ **知っておきたい幾何の定理**
　前原 潤・桑田孝泰著・・・176頁・定価1,650円

④ **大学数学の基礎**
　酒井文雄著・・・・・・・・・・・148頁・定価1,650円

⑤ **あみだくじの数学**
　小林雅人著・・・・・・・・・・・136頁・定価1,650円

⑥ **ピタゴラスの三角形とその数理**
　細矢治夫著・・・・・・・・・・・198頁・定価1,870円

⑦ **円錐曲線 歴史とその数理**
　中村 滋著・・・・・・・・・・・158頁・定価1,650円

⑧ **ひまわりの螺旋**
　来嶋大二著・・・・・・・・・・・154頁・定価1,650円

⑨ **不等式**
　大関清太著・・・・・・・・・・・196頁・定価1,870円

⑩ **常微分方程式**
　内藤敏機著・・・・・・・・・・・264頁・定価2,090円

⑪ **統計的推測**
　松井 敬著・・・・・・・・・・・218頁・定価1,870円

⑫ **平面代数曲線**
　酒井文雄著・・・・・・・・・・・216頁・定価1,870円

⑬ **ラプラス変換**
　國分雅敏著・・・・・・・・・・・200頁・定価1,870円

⑭ **ガロア理論**
　木村俊一著・・・・・・・・・・・214頁・定価1,870円

⑮ **素数と2次体の整数論**
　青木 昇著・・・・・・・・・・・250頁・定価2,090円

⑯ **群論,これはおもしろい** トランプで学ぶ群
　飯高 茂著・・・・・・・・・・・172頁・定価1,650円

⑰ **環論,これはおもしろい** 素因数分解と循環小数への応用
　飯高 茂著・・・・・・・・・・・190頁・定価1,650円

⑱ **体論,これはおもしろい** 方程式と体の理論
　飯高 茂著・・・・・・・・・・・152頁・定価1,650円

⑲ **射影幾何学の考え方**
　西山 享著・・・・・・・・・・・240頁・定価2,090円

⑳ **絵ときトポロジー 曲面のかたち**
　前原 潤・桑田孝泰著・・・128頁・定価1,650円

㉑ **多変数関数論**
　若林 功著・・・・・・・・・・・184頁・定価2,090円

㉒ **円周率 歴史と数理**
　中村 滋著・・・・・・・・・・・240頁・定価1,870円

㉓ **連立方程式から学ぶ行列・行列式** 意味と計算の完全理解
　岡部恒治・長谷川愛美・村田敏紀著・・・・・・232頁・定価2,090円

㉔ **わかる！使える！楽しめる！ベクトル空間**
　福間慶明著・・・・・・・・・・・198頁・定価2,090円

㉕ **早わかりベクトル解析** 3つの定理が織りなす華麗な世界
　澤野嘉宏著・・・・・・・・・・・208頁・定価1,870円

㉖ **確率微分方程式入門** 数理ファイナンスへの応用
　石村直之著・・・・・・・・・・・168頁・定価2,090円

㉗ **コンパスと定規の幾何学** 作図のたのしみ
　瀬山士郎著・・・・・・・・・・・168頁・定価1,870円

㉘ **整数と平面格子の数学**
　桑田孝泰・前原 潤著・・・140頁・定価1,870円

㉙ **早わかりルベーグ積分**
　澤野嘉宏著・・・・・・・・・・・216頁・定価2,090円

㉚ **ウォーミングアップ微分幾何**
　國分雅敏著・・・・・・・・・・・168頁・定価2,090円

㉛ **情報理論のための数理論理学**
　板井昌典著・・・・・・・・・・・214頁・定価2,090円

㉜ **可換環論の勘どころ**
　後藤四郎著・・・・・・・・・・・238頁・定価2,090円

㉝ **複素数と複素数平面 幾何への応用**
　桑田孝泰・前原 潤著・・・148頁・定価1,870円

㉞ **グラフ理論とフレームワークの幾何**
　前原 潤・桑田孝泰著・・・150頁・定価1,870円

㉟ **圏論入門**
　前原和壽著・・・・・・・・・・・品 切

㊱ **正則関数**
　新井仁之著・・・・・・・・・・・196頁・定価2,090円

㊲ **有理型関数**
　新井仁之著・・・・・・・・・・・182頁・定価2,090円

㊳ **多変数の微積分**
　酒井文雄著・・・・・・・・・・・200頁・定価2,090円

㊴ **確率と統計 一から学ぶ数理統計学**
　小林正弘・田畑耕治著・・224頁・定価2,090円

㊵ **次元解析入門**
　矢崎成俊著・・・・・・・・・・・250頁・定価2,090円

㊶ **結び目理論**
　谷山公規著・・・・・・・・・・・184頁・定価2,090円

（価格は変更される場合がございます）

www.kyoritsu-pub.co.jp　　**共立出版**　　【各巻：A5判・並製・税込価格】